先进核科学与技术译著出版工程

Springer

Advanced Smaller Modular Reactors

An Innovative Approach to Nuclear Power

先进小型模块化反应堆

〔美〕巴赫曼·佐胡里（Bahman Zohuri）
〔美〕帕特里克·麦克丹尼尔（Patrick McDaniel） 著

王晨阳　夏庚磊　译

哈爾濱工程大學出版社
Harbin Engineering University Press

黑版贸登字 08-2025-030 号

图书在版编目(CIP)数据

先进小型模块化反应堆 / (美) 巴赫曼·佐胡里 (Bahman Zohuri), (美) 帕特里克·麦克丹尼尔 (Patrick McDaniel) 著 ; 王晨阳, 夏庚磊译. -- 哈尔滨 : 哈尔滨工程大学出版社, 2025. 6. -- ISBN 978-7-5661-4794-3

Ⅰ. TL4

中国国家版本馆 CIP 数据核字第 20259ED912 号

先进小型模块化反应堆
XIANJIN XIAOXING MOKUAIHUA FANYINGDUI

选题策划 石 岭
责任编辑 章 蕾
封面设计 李海波

出版发行 哈尔滨工程大学出版社
社　　址 哈尔滨市南岗区南通大街 145 号
邮政编码 150001
电　　话 0451-82519989
经　　销 新华书店
印　　刷 哈尔滨市海德利商务印刷有限公司
开　　本 787 mm×1 092 mm 1/16
印　　张 10.75
字　　数 298 千字
版　　次 2025 年 6 月第 1 版
印　　次 2025 年 6 月第 1 次印刷
书　　号 ISBN 978-7-5661-4794-3
定　　价 78.00 元
http://www.hrbeupress.com
E-mail:heupress@hrbeu.edu.cn

译 者 前 言

《先进小型模块化反应堆》是核能工程领域的里程碑式著作。该书系统地整合了小型模块化反应堆的前沿技术与工程实践。其作者之一巴赫曼·佐胡里教授作为核工程领域的专家,在工程实践与技术应用层面颇有造诣。该书自出版以来,因其对先进小型模块化反应堆创新的深刻洞察与严谨分析,迅速成为全球能源领域研究者的必读之作。为填补国内相关领域的学术空白,译者在获得版权方授权后,将其译为中文,以期为我国核能技术发展、政策制定及工程实践提供理论支撑与创新启示。

本书译校工作由哈尔滨工程大学核科学与技术学院组建的编译团队共同完成。王晨阳副研究员统筹翻译工作,夏庚磊教授负责技术审校,研究生霍荣冰、闫佳豪、毕岳鹏、周佳伟参与了初稿的翻译和校对。在此衷心感谢团队的协作与付出。希望本书能为我国核能领域的研究者、工程师及学子打开一扇窗,助力我国在小型堆发展中把握先机,为全球可持续发展贡献力量。

感谢版权方同意将该书译为中文。感谢哈尔滨工程大学出版社对本书的编排、审校。

译 者

于哈尔滨工程大学核科学与技术学院

2025 年 3 月

前　　言

先进小型模块化反应堆（small modular reactors, SMR）的规模高达 300 MW 电力，采用模块化建造技术，使用火车或卡车将主要部件从工厂制造地点运送到核电站现场，并包括简化核电站组装所需的核电厂现场活动的设计。

这些是美国能源部（Department of Energy, DOE）开发安全、清洁且经济的核能选择方案的关键部分。美国目前正在开发的先进小型模块化反应堆具有各种尺寸、技术选项和部署场景。这些先进的反应堆预计大小从几兆瓦到数百兆瓦不等，可用于发电、热处理、海水淡化或其他方面。小型模块化反应堆可以使用轻水作为冷却剂或其他非轻水作为冷却剂，如气体、液态金属或熔盐。

先进小型模块化反应堆具有许多优点，如相对较小的尺寸、较低的投资成本、能够安装在大型核电站无法安装的位置，以及可以逐步增加发电量的功能。小型模块化反应堆还拥有独特的保障、安全和防扩散优势。

美国能源部早已认识到先进小型模块化反应堆可为国家经济、能源安全和环境前景提供变革价值。因此，美国能源部为轻水冷却小型模块化反应堆的开发提供了大力支持，这些小型模块化反应堆正在接受美国核管理委员会（Nuclear Regulatory Commission, NRC）的许可审查，并可能在未来 10~15 年部署。美国能源部对使用液态金属、盐和氦气等非传统冷却剂的小型模块化反应堆的发展也很感兴趣，因为它们具有安全性、可操作性和经济效益。

美国能源部最近发布了一项为期多年的成本融资机会，以支持创新的、国内核能工业驱动的概念，这些概念具有改善美国核电整体经济前景的巨大潜力。这一融资机会将有助于开发现有的、新的和下一代反应堆，包括小型模块化反应堆技术。

这项融资机会的范围非常广泛：支持与完善最成熟的小型模块化反应堆设计的活动；发展制造能力和技术，以控制核电建设成本和提高核建设效率；开发核电站结构、系统、部件和控制系统；解决行业确定的监管问题和其他技术需求。该融资机会将提供不同规模和量身定制的奖励，以解决阻碍先进反应堆开发进展的一系列技术和监管问题。

小型模块化反应堆许可技术支持（licensing technical support, LTS）计划于 2012 财年启动，研究团队与行业合作伙伴、研究机构、国家实验室和学术界合作，加快了美国国内先进小型模块化反应堆设计的认证、许可和选址，并减少了部署过程中的经济、技术和监管障碍。2017 财年是为该项目提供计划资金的最后一年，但随着认证和许可工作的完成，这些活动将在未来的几年内完成。

在本书中，我们试图探索先进小型模块化反应堆，将从以下章节开始。

第 1 章介绍了人类早期发现、使用和依赖的物质，这些物质是我们自古就使用的照明、取暖和烹饪的物品。今天，我们认为使用这些物品是理所当然的。轻按一下开关、按钮或转动旋钮，我们就可以拥有电力。电力在我们的日常生活中扮演着重要的角色。无论是在家里、学校、购物中心，还是工作场所，我们都严重依赖于电力。从早上醒来到晚上入睡，我们的生活都依赖于电力。每天早上我们必须关掉的闹钟是靠电力运行的。卧室里的灯、早餐前洗热水澡用的热水器、爸爸的电动剃须刀，所有这些都需要电力才能工作。甚至我们一天中的第一餐也严重依赖于电力。保持我们所有食物凉爽、新鲜的冰箱需要电力才能运行，烹饪培根和鸡蛋的烤架也需要电力才能运行。这种能量通常（除非您有燃气灶）来自电力。电力不仅在我们的家庭生活中扮演着重要的角色，而且对于我们周围世界中发生的所有事情都极其重要，如我们所依赖的工业和以广播、电视、电子邮件、互联网等形式进行的交流。交通是我们日常生活中在某种程度上依赖电力的另一个表现。

第 2 章讨论了能量及其定义。能量被广义地定义为改变现有条件的能力。因此，术语“能量”意味着存在行动能力。能量的评估是通过测量某些按描述性名称分类的效应来完成的，这些效应可以在受控条件下产生。例如，位于某个位置的物体可能具有势能，或者如果该物体在运动，则它可能具有动能，又由于其温度和压力变化，它还可能具有内能。内能可以通过外部负载所经历的势能变化来衡量。

第 3 章谈论了先进小型模块化反应堆的经济性。未来几年将影响美国核电行业的经济发展，包括新核技术的出现、废物处理问题、扩散问题、核监管的精简、向氢经济的合理过渡、国家能源安全政策和环境政策等。这些发展将影响核电的竞争力和制定适当的核能政策。

第 4 章描述了用于小型模块化反应堆的先进能量转换系统。过去 30 年，电力生产行业的主要增长集中在基于燃气轮机循环的天然气发电厂的扩张上。简单布雷顿（Brayton）燃气轮机最流行的扩展是联合循环发电厂，其中开式空气-布雷顿循环作为顶循环，蒸汽-朗肯（Rankine）循环作为底循环，用于被称为 GEN-Ⅳ的新一代核电站。空气-布雷顿循环是开式循环，而蒸汽-朗肯循环是闭式循环。天然气驱动发电厂的空气-布雷顿循环必须是开式循环，空气从环境中被吸入并与燃烧产物一起被排放到环境中。该技术被建议作为一种创新方法，用于 GEN-Ⅳ的小型模块化反应堆的形式和类型。来自空气-布雷顿循环的热废气通过热回收蒸汽发生器（heat recovery steam generator, HRSG），在联合循环中被排放到环境中。热回收蒸汽发生器与传统蒸汽-朗肯循环的锅炉具有相同的用途。

第 5 章探讨了先进小型模块化反应堆及其对环境的影响，并介绍了这种反应堆的优缺点。一些核电支持者主张发展小型模块化反应堆，以解决大型反应堆面临的问题，尤其是成本飙升、安全问题和放射性废物处理问题。遗憾的是，小型反应堆不仅无法解决这些问题，而且可能会加剧这些问题。尽管小型模块化反应堆设计激增，但至今没有一个获得美国核管理委员会的认证。美国核管理委员会曾表示，在 2012 年收到了首份小型模块化反应堆的设计认证申请。目前人们正在讨论论证三种通用类型的小型模块化反应堆，并可能在美国部署。

第 6 章涉及先进小型模块化反应堆的安全和防扩散方面的内容。安全是人们所关心的主要问题，也是每个有能力为核电站设计反应堆堆芯的国家的责任。安全促进一致性的国际标准和方法，有助于确保核和辐射相关技术的安全使用，并促进各国政府监管部门与核电行业之间的国内外技术合作。

第 7 章谈到了可靠电网和可再生能源。由于可再生能源（主要是太阳能和风能）进入供应结构中，因此电网正在迅速变化。这具有重大的经济意义，并将极大地影响核电站或化石燃料发电厂未来的需求曲线。利用太阳能和风能等间歇性能源的唯一解决方案是开发某种形式的储能系统。电和热两种形式的储存都是可能的。最终，成本将决定如何实施这些储存技术。一些能量转换系统将比其他系统更高效。

第 8 章讨论了将储能与先进小型模块化反应堆集成的问题，这些反应堆被用作发电能源。核反应堆产生热量，因此可以耦合到储热系统，以在反应堆全功率运行时提供可调度的电力。六类储热技术与具有蒸汽循环的轻水堆相结合。耐火砖电阻加热储能器（firebrick resistance-heated energy storage, FIRES）将低价电力转化为高温储存的热量，用于工业或电力供应。耐火砖电阻加热储能器和砖式热交换器与核布雷顿动力循环相结合，可以使高温反应堆在电价低时购买电力，并在价格较高时卖出电力。

第 9 章从整体上简要介绍了小型模块化反应堆堆芯的设计和分析。核能倡导者正在游说，世界能源部门的可持续发展离不开核能的广泛利用和核相关技术的优势，包括在不久的将来推出的新一代小型模块化反应堆。这些小型模块化反应堆的出现需要新的设计和分析，无论它们是属于轻水堆（light water reactor, LWR）、压水堆（pressurized water reactor, PWR），还是属于多用途小型轻水堆（multi-application small light water reactor, MASLWR）的类别，具体取决于涉及这些新技术的开发商，以及随之而来的安全标准及其防扩散要求。本章讨论了这些堆芯设计标准，并对其进行了一般性阐述，但读者需要参考本书及其他资料来了解更多详细信息。

作为作者，我们希望本书能为读者提供有关先进小型模块化反应堆主题的非常广泛的背景知识，并且使读者对本书所涉及的主题有更好的理解。

美国新墨西哥州阿尔伯克基　巴赫曼·佐胡里
美国新墨西哥州阿尔伯克基　帕特里克·麦克丹尼尔
2016 年

关于作者

巴赫曼·佐胡里目前在新墨西哥大学电气和计算机工程系,并同时在 Galaxy Advanced Engineering 公司工作,后者是他于 1991 年创立的一家咨询公司,当时他辞去了从事多年的半导体和国防行业的首席科学家工作。从伊利诺伊大学物理和应用数学专业毕业后,他去了新墨西哥大学,在那里他学习了核工程和机械工程。随后,他加入了西屋电气公司,在那里他进行了热力水力分析,并研究了液态金属快中子增殖反应堆（liquid metal fast breeder reactor, LMFBR）堆芯的固有停堆排热系统（inherent shutdown heat removal system, ISHRS）中的自然循环,作为二回路热交换的二次完全固有停堆系统。所有这些设计都用于自驱动停堆系统的核安全和可靠性工程。

1978 年左右,他为液态金属快中子增殖反应堆的大型池概念设计了汞热管和电磁泵,用于散热,当时他还因此获得了专利。随后,他被调到西屋电气公司的国防部门,负责研究从发射管发射和控制 MX 导弹的动态分析与方法。研究结果被应用于 MX 导弹发射密封性能和炮口爆破现象分析(即导弹振动和流体动力冲击形成)。他还参与了稀薄等离子体中非线性离子波的研究分析和计算工作。这些结果被应用于所谓的孤子波的传播和在激光照射靶丸的日冕稀薄特性中的电荷收集器轨迹。

作为在阿贡国家实验室研究生研究工作的一部分,他在表面物理学和固态物理学中进行了多交换积分的计算和编程。在担任英特尔公司、瓦里安医疗系统公司和美国国家半导体公司等多家半导体公司的高级工艺工程师期间,他在扩散工艺和扩散炉设计等领域获得了多项专利。后来,他加入了洛克希德·马丁导弹公司和航空航天公司,担任高级首席科学家,负责监督研发（research and development, R & D),并对“星球大战”战略防御计划不同组成部分的脆弱性、生存能力与辐射和激光硬化进行研究。这包括用于国防支持计划的有效载荷(即红外传感器)、升压监视和跟踪系统,以及针对激光和核威胁的空间监视与跟踪卫星。在洛克希德·马丁公司工作期间,他还进行了热机械分析,激光束特性分析,核辐射与材料的相互作用研究,电子学中的瞬态辐射效应研究,电磁脉冲分析,系统产生的电磁脉冲分析,单粒子翻转、爆炸、硬度保证、维护研究和半导体器件性能分析。

他在 Galaxy Advanced Engineering 公司担任顾问多年,为桑迪亚国家实验室服务,在那里他与其他研究人员和第三方合作,支持为空军安全中心开展操作危险评估。最终,评估结果被纳入空军专门针对定向能武器操作安全发布的指令。例如,他完成了用于机载激光器、先进战术激光器、战术高能激光器和移动/战术高能激光器的详细激光工具综合库的第一个版本。

他还负责监督与战斗管理指挥自动化技术系统[使用电子计算机将指挥(command)、控制(contro)、通信(communication)和情报(intelligence)子系统紧密联系起来,简称 C^3I]和人工智能相关的战略防御计划的计算机程序及自主系统。他是多本著作的作者并拥有多项专利,如激光激活放射性衰变和穿透舱壁引发器的结果。

帕特里克·麦克丹尼尔目前是新墨西哥大学核工程系的研究教授。他的职业生涯始于美国空军的飞行员和维修官。他离开美国空军并在普渡大学获得博士学位后,在桑迪亚国家实验室从事快堆安全、积分截面测量、核武器脆弱性、空间核电和核推进方面的工作。他离开桑迪亚国家实验室后成为菲利普斯实验室(空军研究实验室的一部分)卫星评估中心的技术负责人。在菲利普斯实验室工作 10 年后,他回到桑迪亚国家实验室领导和管理美国国防部高级研究计划局(Defense Advanced Research Projects Agency, DARPA)的受激异构体能量释放项目。在桑迪亚国家实验室工作期间,他参与了尤卡山项目和 DARPA 的机密 UER-X 项目。他在新墨西哥大学核工程学院任教研究生课程 25 年,2009 年初从桑迪亚国家实验室退休后,在新墨西哥大学任教。他曾参与将核工程应用于高能系统的多个机密和非机密项目。此外,他还拥有美国空军学院的工程科学学士学位、加州理工学院的机械工程(核方面)硕士学位、普渡大学的核工程博士学位及美国武装部队工业学院的资源管理硕士学位。

目　　录

第 1 章　电:我们生活中的必需品

早期的人类依靠火来照明、取暖和烹饪。今天,我们认为使用这些物品是理所当然的。轻按一下开关、按钮或转动旋钮,我们就可以拥有电力。电力在我们的日常生活中扮演着重要的角色。无论是在家里、学校、购物中心,还是工作场所,我们都严重依赖于电力。从早上醒来到晚上入睡,我们的生活都依赖于电力。每天早上我们必须关掉的闹钟是靠电力运行的。卧室里的灯、早餐前洗热水澡用的热水器、爸爸的电动剃须刀,所有这些都需要电力才能工作。甚至我们一天中的第一餐也严重依赖于电力。保持我们所有食物凉爽、新鲜的冰箱需要电力才能运行,烹饪培根和鸡蛋的烤架也需要电力才能运行。这种能量通常(除非您有燃气灶)来自电力。电力不仅在我们的家庭生活中扮演着重要的角色,而且对于我们周围世界中发生的所有事情都极其重要,如我们所依赖的工业和以广播、电视、电子邮件、互联网等形式进行的交流。交通是我们日常生活中在某种程度上依赖电力的另一个表现。

1.1　介　　绍

人类发展指数(human development index, HDI)旨在强调人及其能力才是评估一个国家发展的最终标准,而不仅仅是经济增长。HDI 还可用于质疑国家政策的制定,即人均国民总收入(gross national income, GNI)水平相同的两个国家如何最终获得不同的人类发展成果。这些对比可以激发关于政府政策优先事项的辩论。

HDI 是对人类发展关键方面的平均成就的总结性衡量标准:健康维度、教育维度和生活水平维度。HDI 是 3 个维度中每个维度的归一化指数的几何平均值。

健康维度以出生时的预期寿命衡量;教育维度以 25 岁及以上成年人的受教育年限和入学儿童的预期受教育年限衡量;生活水平维度以人均国民总收入衡量。

HDI 只简化和捕捉了人类发展所需要的部分内容。它没有反映不平等、贫困、人类安全、赋权等问题。人类发展报告办公室(Human Development Repore Office, HDRO)提供了其他综合指数,作为人类发展、不平等、性别差异和贫困等一些关键问题的更有代表性的指标。

实际上,如图 1.1 所示,预期寿命和电力消耗之间存在相关性。在人均每年 5 000 kW · h 以下,二者相关性强;在人均每年 5 000 kW · h 以上,虽然相关性没有那么强,但仍然存在。

事实上,在地球超过 40 亿的人口中,只有大约 1/4 的人口生活在平均食物消费量远高于生理需求、婴儿死亡率相对较低(通常低于每 1 000 个婴儿活产 25 个)、预期寿命高(约 70 岁)、识字率接近 100%的国家。这些是世界上的发达国家:这 1/4 的人口每年消耗世界商业能源的 4/5,并享有优质的生活质量。

对于其余 3/4 的人口,情况则大不相同。这些人中的绝大多数是文盲或半文盲的贫困村民,他们的饮食不足,其婴儿死亡率比发达国家高一个数量级,预期寿命缩短了 30 年之多。这个发展中国家,或者一些人更喜欢称作欠发达国家(less developed countries, LDC)或不发达的第三世界,目前困难重重,前景黯淡,这在很大程度上是由于商业能源消耗相对较低导致的结果。

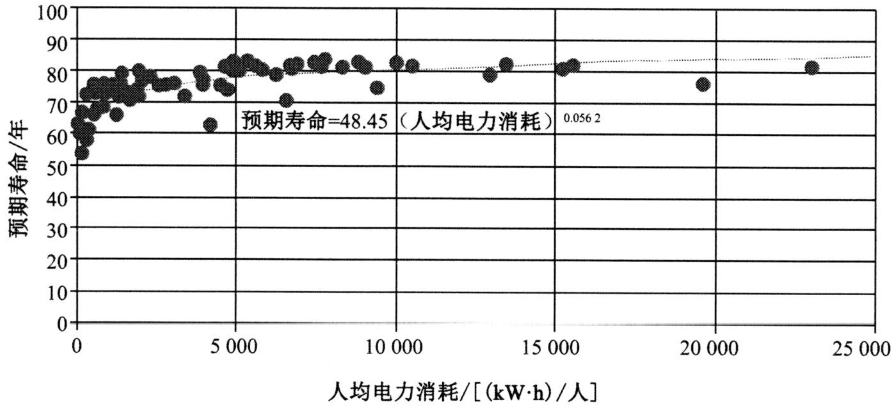

图 1.1 预期寿命与人均电力消耗[1]

在发展中国家,农业是生物质燃料的主要来源,也是主要的能源消耗方式之一。农业为人们提供食物,为牲畜提供饲料;粪便和作物残留物用于烹饪与取暖[2]。在过去的 20 年中,这些传统能源在农业、交通、工业部门和家庭中得到了煤炭、石油与电力的补充。第三世界能源使用最显著的特点是穷人从他们使用的能源中获得的有用功相对较少[3]。当适当增加农业投入时(包括直接应用能源),人均能源产出和单位土地能源产出就会增加。从农作物的消费和销售中获得的能源,又需要反过来用于增加农业投入,以提高农作物产量、扩大灌溉土地、增加多作物种植、水利工程的机械化建设和维修、建设现代道路,以及提高农民的生活质量。发展中国家向农村现代化这一遥远目标迈进的速度在很大程度上取决于直接和间接流入农业的能源,预计未来农业能源消耗的比例可能会比现在更大。

在任何社会和群体中实现的生活水平或生活质量,出于实际目的,都可以通过人均使用的总能源量来衡量[4]。人们普遍认为,与最不发达国家相比,上述说法更适用于能源生产和分配安全且分布广泛的社会。

1.2 当今发电成本

关于在日常生活中电力的必要性,我们首先想到的问题之一是:

“用不同类型的发电厂发电各需要多少钱?”

由美国能源信息署(Energy Information Administration, EIA)编制的《2014 年年度能源展望》(*Annual Energy Outlook 2014*,《AEO2014》)根据美国能源信息署国家能源建模系统(national energy modeling system, NEMS)的结果,对 2040 年之前美国的能源供应、需求和价格进行了长期年度预测。NEMS 使美国能源信息署能够在可选的、内部一致的假设下进行预测,其结果以案例的形式呈现。《AEO2014》的分析主要集中在 5 个主要案例:参考案例、低经济增长案例、高经济增长案例、低油价案例和高油价案例。其还提供了许多其他替代案例的结果,说明了与参考案例预测相关的不确定性。美国能源信息署于 2013 年 12 月发布了《AEO2014》参考案例的早期版本。美国能源信息署的《AEO2014》中的预测重点关注影响美国能源系统长期发展的因素。

美国能源信息署拥有按主要燃料或能源类型划分的现有发电厂平均年运行、维护和燃料成本的历史数据,见表1.1和表1.2。

表1.1　2003—2012年美国主要投资者拥有的电力公司的发电厂平均运营费用

单位:mill/(kW·h)

年份	运行中				维修中			
	核能	化石燃料、蒸汽	水力发电	燃气轮机与小型类	核能	化石燃料、蒸汽	水力发电	燃气轮机与小型类
2003	9.12	2.74	3.47	3.50	5.23	2.72	2.32	2.26
2004	8.97	3.13	3.88	4.27	5.38	2.96	2.76	2.14
2005	8.26	3.21	3.95	3.69	5.27	2.98	2.73	1.89
2006	9.03	3.57	3.76	3.51	5.69	3.19	2.70	2.16
2007	9.54	3.63	5.44	3.26	5.79	3.37	3.87	2.42
2008	9.89	3.72	5.78	3.77	6.20	3.59	3.89	2.72
2009	10.00	4.23	4.88	3.05	6.34	3.96	3.50	2.58
2010	10.50	4.04	5.33	2.79	6.80	3.99	3.81	2.73
2011	10.89	4.02	5.13	2.81	6.80	3.99	3.74	2.93
2012	12.49	4.38	6.71	2.46	7.32	4.48	4.63	2.75

表1.2　2003—2012年美国主要投资者拥有的电力公司的发电厂所消耗的平均燃料成本

单位:mill/(kW·h)

年份	燃料				总计			
	核能	化石燃料、蒸汽	水力发电	燃气轮机与小型类	核能	化石燃料、蒸汽	水力发电	燃气轮机与小型类
2003	4.60	17.29	—	43.89	18.95	22.75	5.79	49.66
2004	4.58	18.21	—	45.18	18.93	24.31	6.60	51.59
2005	4.63	21.69	—	55.52	18.15	27.88	6.88	61.10
2006	4.85	23.09	—	53.89	19.57	29.85	6.46	59.56
2007	4.99	23.88	—	58.75	20.32	30.88	9.32	64.43
2008	5.29	28.43	—	64.23	21.37	35.75	9.67	70.72
2009	5.35	32.30	—	51.93	21.69	40.48	8.38	57.55
2010	6.68	27.73	—	43.21	23.98	35.76	9.15	48.74
2011	7.01	27.08	—	38.80	24.70	35.09	8.88	44.54
2012	7.61	28.34	—	30.45	27.42	37.20	11.34	35.67

注:1.水力发电类包括常规水力发电和抽水蓄能。

2.燃气轮机与小型类包括燃气轮机、内燃机、光伏和风力发电厂。

3.费用为下一代加权平均费用。密尔①是货币成本和计费单位,等于 1/1 000 美元(相当于1/10美分)。

4.由于各数据独立地四舍五入,因此总计可能不等于各部分的总和。

5.资料来源:美国联邦能源监管委员会(Federal Energy Regulatory Commission, FERC),FERC 表格 1,“通过 Ventyx Global Energy Velocity Suite 提供的主要电力公司、被许可方和其他人的年度报告”;《电力年鉴》中,2001—2012 年,美国主要投资者拥有的电力公司的发电厂平均运营费用[mill/(kW · h)]。

美国大约有 6 997 个运营中的发电厂,约有 19 023 台独立发电机,其铭牌上的发电容量至少为 1 MW。1 个发电厂可以有 1 台或多台发电机,有些发电机可能使用一种以上的燃料。

目前,美国 30 个州有 61 个商业运行的核电站和 99 个核反应堆。其中 35 个核电站有 2 个或更多核反应堆。亚利桑那州的 Palo Verde 核电站拥有 3 个核反应堆,2012 年夏季净发电量最大 2 个,共为 3 937 MW。内布拉斯加州的卡尔霍恩堡(Fort Calhoun)拥有 1 个核反应堆,2012 年夏季净发电量最小,为 479 MW。

2013 年有 4 个核反应堆停运:佛罗里达州的 Crystal River 核电站于 2 月有 1 个核反应堆停运,威斯康星州的 Kewaunee 核电站于 4 月有 1 个核反应堆停运,加利福尼亚州的 San Onofre 核电站于 6 月有 2 个核反应堆停运。佛蒙特州的 Vermont Yankee 核电站只有 1 个核反应堆,于 2014 年 12 月停运。

电力在我们生活中所扮演的角色是显而易见的,它提高了我们的生产力,生活的舒适度、安全性、健康性和经济性。我们每天都享受着电力带来的好处。如此之多,以至于我们理所当然地认为,每当我们将设备插入墙上的插座时,电力就会在那里。虽然大多数人很少考虑电的来源,但其确实拥有许多不同的发电方式,包括煤炭、石油、天然气、水力、核能和太阳能。每种发电方式都具有优点,每当需要修建新的发电厂时都值得考虑。核能发电的独特之处在于它固有地解决了其他发电方式的许多缺点。核能的使用为环境、安全、经济、可靠性、可持续性甚至废物处理等领域的许多问题提供了答案。

1.3 核动力装置

目前,核能为美国提供了大约 20%的电力,在世界电力中占比略低。这相当于我们消耗的总能量的 7%左右。总能量比例有很多上升的机会,因为核能可用于生产运输燃料。我们可以用它来生产氢气,还可以利用其热量进行生物燃料加工。

核电站不仅仅在美国修建,世界上大多数发达国家都拥有为其市民发电的核电站。此外,核能发电量每年都在持续增长。由于担心全球变暖的环境影响和燃煤发电厂排放的气

① 1 密尔(mill)等于 1/1 000 美元,或 1/10 美分。密尔/(千瓦 · 时)(kW · h)等于美元/(兆瓦 · 时)(MW · h)。要将密尔/(千瓦 · 时)转换为美分/(千瓦 · 时),将其除以 10。

1 mill/(kW · h)= 0.1 美分/(kW · h);

1 mill = 0.1 美分 = 0.001 美元;

1 MW = 1 000 kW;

1 mill/(kW · h)= 1 美元/(MW · h)。

体污染，预计未来几十年人们对核电的需求将继续大幅增加。

目前，全球有30个国家在运行437个用于发电的核反应堆，14个国家正在建设67个新的核电站。

虽然美国可以吹嘘拥有最多的核电站，但这些核电站所提供的电力不到美国所有电力供应的20%。其他国家比美国更依赖核能。下一个数字是排名前10位的核能发电国的人均核电供应量。目前，核能发电约占法国总发电量的77%、约占斯洛伐克总发电量的54%、约占比利时总发电量的54%、约占乌克兰总发电量的47%、约占匈牙利总发电量的43%、约占斯洛文尼亚总发电量的42%、约占瑞士总发电量的40%、约占瑞典总发电量的40%、约占韩国总发电量的35%、约占亚美尼亚总发电量的33%。

1.4 新核电站的电力成本

当前，关于减轻全球变暖影响的可能性的讨论也开启了关于核电潜在复兴的讨论。在这种情况下，人们通常认为核电站的电力成本非常低。这似乎是支持核电的最有力的论据之一。为了确定核电未来的电力成本，需要考虑当前运营的发电厂的成本。然而，这是不正确的。

前面我们讨论了新建设的核电站，还应考虑新核电站而非现有核电站的电力成本。我们将在下面进一步看到二者间产生的巨大差异。事实上，预估建造新核电站的成本几乎是不可能的。这主要是由于缺少国家和国际安全标准的结果。尚不清楚必须采取哪些安全措施，因此，人们几乎无法估算投资成本。图1.2是核电站的典型外部视角。

图1.2 核电站的典型外部视角

除美国之外，芬兰是欧洲唯一一个正在建造核电站的国家。在这种情况下，最好的做法是使用芬兰核电站的建造成本与其他发电厂进行成本比较。

新反应堆的利弊如下。

由于当前关于如何预防或至少缓解进一步全球变暖的讨论,核电的复兴似乎存在于每个人的心中,或者说至少在许多政治家心中都有考量。有趣的是,在许多缓解全球变暖的建议中,重点都放在了核能发电的优势上,而很少提及其劣势。下一代核电站(next generation nuclear plant, NGNP)被称为GEN-Ⅳ,其缺点显得非常低调。请记住,没有完美的能源,每种能源都有自己的优势和劣势。

在环境方面,尽管核电在20世纪70年代遭到忽视,但它再次被认为是一种重要的可选方案。这是因为它现在被吹捧为对环境更有益的方案,理由是它在发电过程中排放的温室气体比煤炭或其他传统发电厂少得多。

任何发电厂对环境的影响都可以通过量化燃料输送的负担、副产品和废物的排放,以及对附近居民生活(人或其他)的潜在影响来衡量。

核电站被广泛认为是一种有点危险、可能有问题但可管理的发电方式。辐射不容易处理,尤其是在核废料和维修材料中,需要昂贵的解决方案来遏制、控制和保护人与环境免受其伤害。

与化石燃料发电厂(煤、石油和天然气)相比,核电站不产生任何二氧化碳,没有硫的排放,而二氧化碳与硫分别是温室效应和酸雨的主要诱因。根据美国核能研究所的数据,美国核电站每年可防止510万t二氧化硫、240万t氮氧化物和1.64亿t碳排入地球大气层[2]。

核动力反应堆确实会显著增加核电站周围环境的辐射。然而,与自然辐射相比,这种增加相对较小,并且低于典型燃煤发电厂释放的放射性。即使辐射增加,核电站的大多数员工仍会受到与所有职业工人相同的常规照射量。此外,没有证据表明辐射暴露的小幅增加会对健康产生负面影响。

由于核电站相对自给自足,因此厂址的选择更容易受到环境问题的影响。石油和天然气发电厂必须靠近主要管道,水力发电厂必须位于河流上。为了安置这些发电厂,可能必须减少对野生动物栖息地和城市的影响。例如,公众对水力发电厂导致鱼类死亡的愤怒限制了新厂的建设,政策制定者正在认真考虑拆除美国各地的现有水坝。同时,严格的厂址管理确保核电站对其周边地区的影响最小。

核工业面临的最紧迫的环境问题是废物处理问题。所有发电过程都会产生废物,来自核电站的核废料的独特之处在于它可能具有高放射性。虽然高放射性废物对所有生物都是危险的,但核燃料易于密封、处理、还原和再加工(回收),人们已经开发出从使用过的核燃料中分离可重复使用的燃料和高放射性元素的工艺,并可以将废物制成玻璃或陶瓷废物颗粒进行处理。与该颗粒相关的危险持续时间约为100年。考虑到化学危害会无限期地持续下去,这种废物形式可能更可取。目前,由于政治阻力,这种废物处理工艺并未在美国使用。然而,研究仍在继续寻找解决这个问题的新方法。

关于使用核能和扩张核能的对话集中在权衡这些风险与回报,以及其他形式发电固有的风险上,这只是所涉及的一些问题[3]。

1.优势

(1)发电时排放到大气中的二氧化碳和其他温室气体较少。

(2)运营成本低(相对而言)。

(3)核能发电确实会排放相对较少的二氧化碳。因此,温室气体的排放以及核电站对全球变暖的影响相对较小。

(4)已知、已开发的技术“准备好”投入市场，特别是GEN－Ⅳ，以及由工业部门和大学领导的联合循环相关研究，如布雷顿循环，这是提升此类反应堆输出效率的有希望的努力[4-11]。

(5)这项技术很容易获得，不必先开发。

(6)在一个单一核电站中可产生大量的电能。

(7)能够满足工业和城市需求的发电能力(核能与太阳能等低功率技术相反，太阳能可能只能满足当地居民或办公室的用电需求，但不能为重型制造业提供电力)。

(8)可以通过废物回收和再处理减少现有与未来的核废物，类似于日本和欧盟(增加成本)。

2.劣势

(1)由于复杂的辐射屏障系统和规程，核电站建设成本高。

(2)建设和运营需要高额补贴，以及贷款担保。

(3)补贴和投资可用于其他解决方案(如可再生能源系统)。

(4)已知的事故均为高风险。

(5)存在未知风险。

(6)建造周期长。

(7)恐怖主义的目标(所有集中式发电源都是如此)。核电站以及核废料可能成为恐怖袭击的首选目标。世界上没有任何一家核电站能够承受类似纽约“9·11”事件的袭击。这种恐怖行为将对整个世界产生灾难性的影响。

(8)在发生事故时，需要豁免，以限制公司的责任。这意味着在发生事故或废物储存随着时间的推移发生泄漏的情况下，没有人对物理、环境或健康损害负责，或者政府最终必须承担任何损害的费用。

(9)核能是一种需要大量基础设施、投资和协调的集中式能源，分散式能源(包括太阳能和风能)可以更高效、成本更低且更具弹性。在西方国家，新核电站的手续、规划和建设所需的时间为20~30年。换句话说，在短时间内建造新的核电站是一种幻想。

(10)铀资源与其他燃料资源(如煤、天然气等)一样有限，而且开采、提炼、运输铀矿成本高昂，同时在这些过程中会产生大量环境废物(包括温室气体)。

(11)世界上大多数已知的铀都位于不支持从地下开采铀的人们控制的土地上。核能的能量来源于铀。铀是一种稀缺资源，根据实际需求，其供应预计仅能维持30~60年。

(12)在国际上运输核废料增加了被恐怖主义袭击的潜在威胁(尽管其他国家运输的任何核废料尚未发生这种情况)。不断增加的核废料运输量，特别是在安全性较低的国家，被视为核恐怖主义的风险显著增加。放射性废料的处理问题仍然是一个悬而未决的问题。核能产生的废物极其危险，必须谨慎处理(按照美国环境保护署的标准是10 000年)。

毫无疑问，日本发生的毁灭性地震、海啸以及随之而来的多个反应堆的损坏，对核能利用、核工业和全球核秩序产生了重大影响。一段时间内不会知道全部的影响。福岛第一核电站事故的数据还在收集中，没有人确切地知道这次事故的破坏程度。

为了对核电的未来做出明智的选择，我们需要提高对现有与新核电站的安全、保障和安保特征的认识。了解核能的潜在优势和劣势，对于面临能源挑战的利益相关者和决策者至关重要。

1.5 核能是全球变暖的解决方案吗？

只有在未来 10~15 年大幅减少全球化石燃料的消耗量，才有可能减缓全球变暖。正如国际能源署（International Energy Agency，IEA）所预测的那样，这种情景的出现是完全没有可能的。

同样显而易见的是，没有任何替代技术组合可以取代目前对化石燃料的使用。根本没有足够的非化石燃料可达到此目的。为了减缓全球变暖，我们必须更有效地利用可用能源。但这还不够：我们将不得不改变我们的行为以减少我们的个人能源消耗。我们必须改变我们目前的生活方式，认真争取可持续的生活。

核能是全球变暖的解决方案吗？

国际能源署表示："核能对减少全球变暖的贡献只有 10%。"

国际能源署预测，到 2030 年二氧化碳排放量将大幅增加。此外，国际能源署还调查了如果采取严格的政治措施可以在多大程度上防止二氧化碳的排放。

在所有调查的案例中，人们发现，核能的影响最小（只有 10%）。几乎 80%的预期效果是由提高能源效率实现的。这一结果令人惊讶，特别是想到像乔治·布什和托尼·布莱尔这样的政客将核能视为解决全球变暖问题的方法。看来他们会（再次）走向错误的方向。

按燃料类型划分的二氧化碳减排份额如图 1.3 所示。

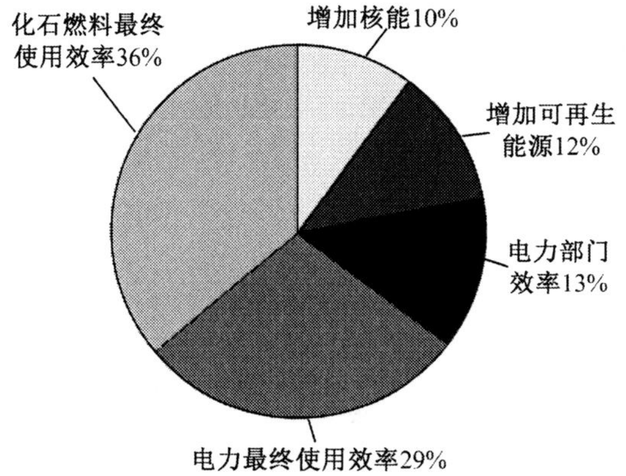

图 1.3 按燃料类型划分的二氧化碳减排份额

"一些政客没有谈论占预期效果的 80%提高能源效率的措施，而是宣传建造核电站。根据国际能源署的说法，这只能占预期效果的 10%。这显然聚焦在了错误的主题上！"[11]

那么，问题来了：我们面临的问题严峻吗？

正如上面所说：

"我们是否必须改变我们的行为以减少我们的个人能源消耗量？"

"我们必须改变我们目前的生活方式，认真争取可持续的生活。"

作为对上述问题回答的一部分，下面我们将进一步讨论全球发电成本和消费问题。

1.6 全球能源消耗预测

另一个问题是这样的："未来我们将消耗多少能源?"

根据美国能源信息署和国际能源署的数据，全球能源消耗量将以平均每年 2%的速度继续增长。如图 1.4(b)所示，黑色显示了从 1980—2003 年的实际值，灰色显示了 2010—2030 年的能源消耗预测。表 1.3 为全球按地理区域划分的实际和预测能源消耗的详细数据。

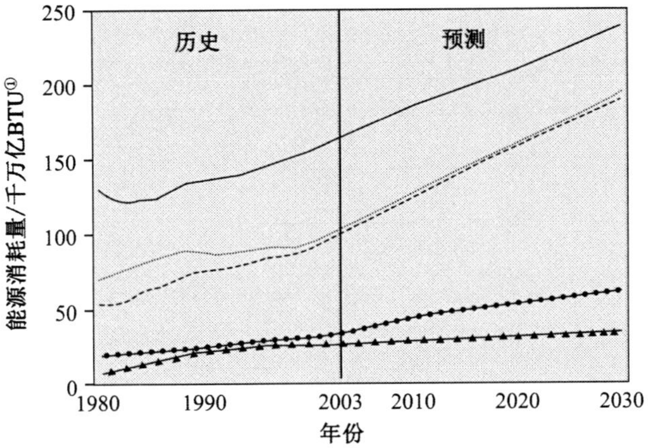

(a) 1980—2030年按燃料类型划分的世界市场能源使用情况[14]

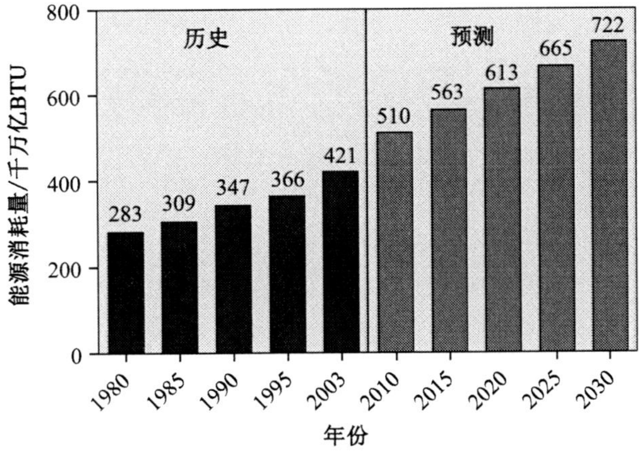

(b) 1980—2030年世界市场能源消耗量[13]

图 1.4 1980—2030 年按燃料类型划分的世界市场能源使用情况与世界市场能源消耗量

① BTU 为英国热量单位，1 BTU = 0.293 W。

表 1.3 全球按地理区域划分的实际和预测能源消耗的详细数据[15]

单位:千万亿 BTU

地区	2003 年	2010 年	2015 年	2020 年	2025 年	2030 年	2003—2030 年的年均百分比变化/%
经济合作与发展组织	234.3	256.1	269.9	281.5	294.5	308.7	1.0
北美	118.3	131.4	139.9	148.4	157.1	166.2	1.3
欧洲	78.9	84.4	87.2	88.7	91.3	94.5	0.7
亚洲	37.1	40.3	42.8	44.4	46.1	48.0	1.0
非经济合作与发展组织	186.4	253.6	293.4	331.5	370.9	412.8	3.0
欧洲和欧亚大陆	48.5	56.5	62.8	68.7	74.0	79.0	1.8
亚洲	83.1	126.2	149.4	172.8	197.1	223.6	3.7
中东	19.6	25.0	28.2	31.2	34.3	37.7	2.4
非洲	13.3	17.7	20.5	22.3	24.3	26.8	2.6
中美洲和南美洲	21.9	28.2	32.5	36.5	41.2	45.7	2.8
全世界	420.7	509.7	563.3	613.0	665.4	721.5	2.0

预计亚洲(1.0%)、非经济合作与发展组织国家(3.0%)、中美洲和南美洲(2.8%)的能源消耗年增长率较高,而欧洲能源消耗年增长率最低,为 0.7%[12]。

每年增加 2%导致能源消耗每 35 年翻一番。这意味着与 2007 年相比,预计到 2040 年全球能源消耗量将增加一倍。

文明的未来将取决于无限期的电力供应。显然,化石燃料的供应是有限的。最乐观地估计,化石燃料的寿命也不超过 100 年。然而,它们可能会在更短的时间内就变得不受欢迎。显然,风能、太阳能和可再生能源(如乙醇)可以无限期地为我们的世界提供电力。然而,即使是少量铀的发电潜力也非常大,以至于核燃料也可以被列入这份清单。在正确的配置下,核能可以为几代人提供电力。正确的配置指的是在“增殖反应堆”中。增殖反应堆的设计使得即使消耗燃料,也会产生新的燃料作为副产物。目前仅有少量已建成的增殖反应堆核电站。由于这些增殖反应堆中生产的钚是一种用于核武器的材料,各国政府一直在犹豫是否允许建造它们。尽管如此,应用增殖概念可以将燃料价格降低到如此之低,以至于即使从海洋中提取铀也不会过于昂贵。在《美国物理学杂志》(第 51 卷,1983 年 1 月,B.Cohen)上发表的一篇文章中所述,世界上所有海洋和海洋下地壳中的铀含量足以维持 50 亿年(假设每年开采 6 500 t 铀)。就所有实际目的而言,核能是一种可靠且可持续的能源。

核电站是最经济的能源生产形式之一。核燃料成本(作为发电潜力的函数)仅占化石燃料成本的一小部分。包括本钱和非燃料运营成本在内,运营核电站的成本大致与化石燃料相当。最近,核能的平均电力生产成本被公认为是最便宜的电力来源。截至 2012 年,核电站平均发电成本为 2.40 美分/(kW・h),燃煤发电厂为 3.27 美分/(kW・h),石油发电厂为 22.48 美分/(kW・h),天然气发电厂为 3.40 美分/(kW・h)。太阳能和风能的成本仍远高于公众所认为的具有竞争力的成本。

核能发电的监管和行业监督成本远高于其他电力来源。然而,可靠性以及运营和维护效率的提高有助于降低这些成本。目前,核电站的容量系数平均超过85%。这与化石燃料发电厂(平均50%~60%)或太阳能和风能发电厂相比具有竞争力,后者的容量系数在30%甚至更低。大多数发电厂设计为在基本负荷配置下运行。也就是说,无论电力需求如何,它们都会满功率运行。核电站特别适合这一要求,因为它们的设计可以产生大量电力,并且可以在不加油的情况下持续运行长达2年。

美国的核电站几乎可以在每一个极端炎热和寒冷的时期提供大量可预测的、可靠的电力。在2014年极地涡旋期间,美国的核能发电量没有下降,在最冷的一天以95%的容量运行,如图1.5所示。

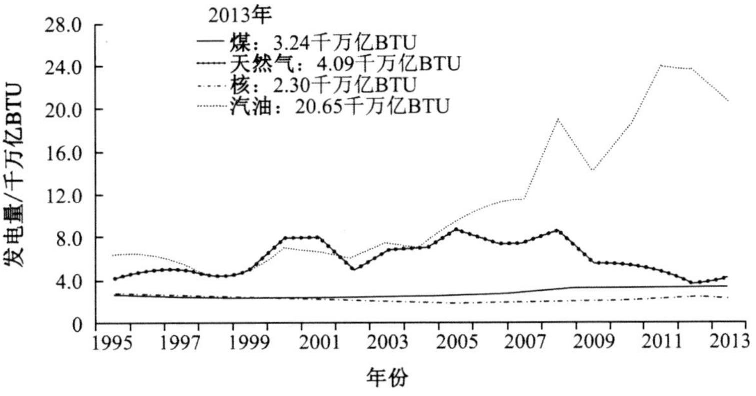

图1.5 美国电力生产成本[16]

从燃料当量的角度来看,与化石燃料一样,核燃料的原材料来自地球。主要燃料铀被开采出来。采矿对环境的影响是众所周知的,然而,核能的优势来自少量铀的发电量便可保证所需电量。1 kg 铀的能量大约相当于 42 gal(1 gal = 3.785 4 L)的石油、1 t 煤或 17 000 ft^3($1\ ft^3 = 0.028\ 3\ m^3$)的天然气。因此,根据电力消耗的函数,需要从地下开采的铀很少。所以,与化石燃料的开采和钻探相比,铀矿的开采对环境的影响要小得多。

与石油或天然气不同,核燃料是固体。因此,核燃料在运输到核电站的过程中不会受到溢出造成的环境问题的影响。未使用的核燃料的放射性仅略高于地下自然产生的放射性。燃料输送容器的设计具有很高的安全裕量,以确保即使在发生运输事故时,环境也不会受到核燃料的污染。

1.7 按资本计算的当前能源消耗

数值的单位为“千克油当量”(kgoe)。有这样一个例子:生活在北美洲的人们每年每人使用的能源大约相当于8 000千克油当量,也就是大约10 000 L油。要将“千克油当量”转换为千瓦·时,将其乘以系数11.628。例如,8 000千克油当量约为93 024 kW·h(11.628×8 000)或93 MW·h。世界各地存在着巨大差异。数据是从Earthtrends.wri.org中获取的,这是一个非常出色的网站。如果读者想了解更多详细信息,建议访问这个网站。

图 1.6 为 2003 年人均能源消耗量。图 1.7 为人均能源需求图。

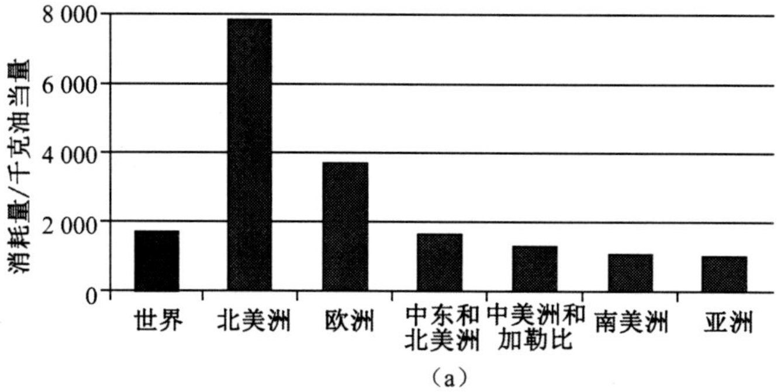

（a）

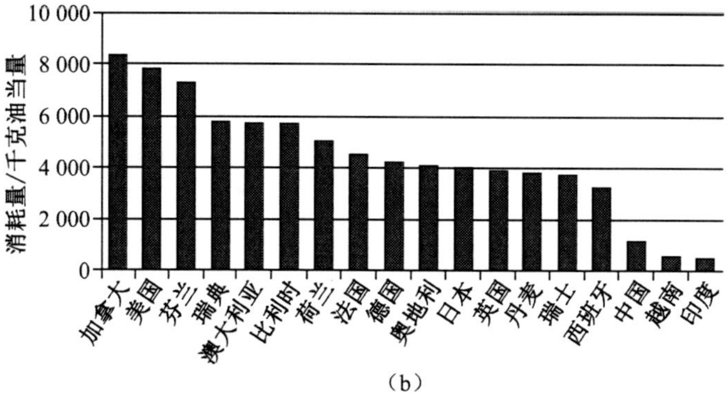

（b）

图 1.6　2003 年人均能源消耗量

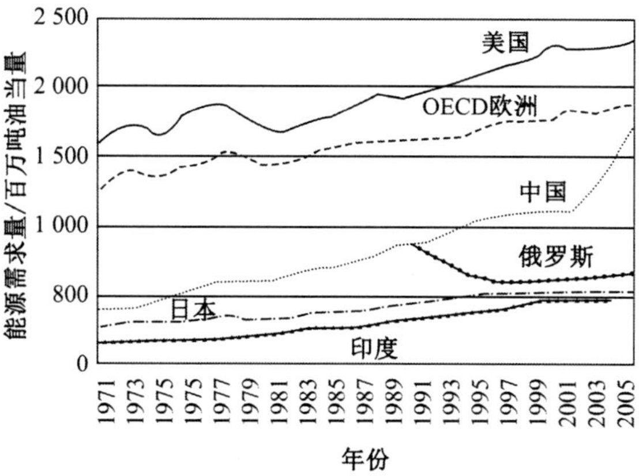

（a）总能源需求

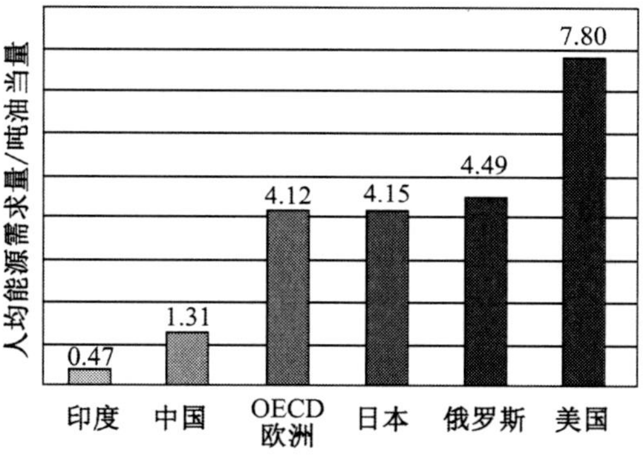

（b）人均能源需求

图 1.7　人均能源需求图

1.8　下一个核时代：安全核能是否适用美国或世界？

在开始关注这本书的主题“下一代核电站联合循环驱动效率的紧凑型热交换器设计”之前，我们需要了解核能发电的基本规则，以及从过去到现在不同代的核电站，并从未来的角度来看待这种发电方式。这使我们能够了解这些核电站(即公用事业公司)的所有者的总拥有成本(total cost of ownership, TCO)和投资回报率(return on investment, ROI)是多少,以及技术是如何帮助他们在这些核电站的每种类型和设计的生命周期内降低总拥有成本并提高投资回报率的、它们的安全性如何和哪一代核电站更适合我们。为此,我们需要简要描述每一代核电站,然后讨论“安全核能是否适用美国或世界”。

之后,我们将描述关于每一代核电站的更多细节,特别是GEN-Ⅳ,作者和世界其他地方的大部分研究者的研究都基于GEN-Ⅳ。第5章专门讨论这些细节,在此之前,我们在第3章中介绍了基本的热力学循环,为了帮助读者更好地了解联合循环及紧凑型热交换器如何发挥作用,以便将此类系统的效率提升到更高水平,从而降低总拥有成本并提高投资回报率。

从历史上看,位于爱达荷州国家实验室(Idaho National Laboratory, INL)的能源部(Department of Energy, DOE)先进测试反应堆(advanced test reactor, ATR)通过裂变链式反应开始产生250 MW的能量输出,足以为近200 000户家庭供电。这个反应堆是美国核能研究的中心,是美国和世界各地核电站商业化的一步。

在过去的半个世纪里,这里建造了51个反应堆,包括20世纪50年代的第一代反应堆。目前只有3个仍在运行,但正是在这些早期实验的遗留物中,国家的能源未来才逐渐成形[16]。

近年来,由于对外国石油和全球变暖的担忧,以及我们的日常生活用电需求的增加,对核能的依赖越来越大,因此有关核能的辩论已走到寻求替代能源话题的前沿和中心。然而,问题双方的大部分人往往没有注意到,美国现有的核反应堆正在逐渐老化并即将结束其寿期。在接下来的几十年里,它们将不得不退役,并带走美国20%的电力供应。

在2005年的《能源政策法案》中,美国国会批准了高达29.5亿美元的激励措施,用于新建核电站,并另外拨出12.5亿美元用于在爱达荷州沙漠中建造实验反应堆。随着地球人口的增长和工业的扩张,该反应堆将成为全球生活的核心,来自世界各地的科学家将共同努力,以合理的成本和更安全的形式彻底改变核电的生产。

原则上,核反应堆要以电力的形式产生能量,通常会发生链式反应,即以铀为燃料,在反应堆的堆芯处转化为热量和快速移动的中子。冷却剂(例如,热交换器)带走热量并用它来产生过热蒸汽,使涡轮机旋转以产生电,而堆芯内的慢化剂会减慢快速移动的中子的速度,以控制链式反应。因此,用于建造反应堆的任何材料都需要承受这种链式反应产生的热量,以及在反应堆的预计生命周期内压力的强烈积累和不断涌入的中子轰击。这就是ATR等反应堆作为研究反应堆发挥作用的地方,为核电站从设计概念到原型,再到生产阶段的商业化铺平了道路。

ATR使用92%的浓缩铀(任何超过20%的都被认为是武器级的)每平方厘米每秒产生千万亿个中子——比商业反应堆多100~1 000倍。通过增加中子剂量,该反应堆可以在一年内模拟新燃料或合金长达40年的磨损情况。

ATR是一个简单的水冷模型,建于1967年。但是,通过调整其堆芯内的压力、温度和化学成分,科学家们可以用它来重现几乎任何其他类型反应堆的条件。最近,负责ATR操作的人员测试了大块石墨,以确定延长英国陈旧的Magnox反应堆的寿命是否安全。INL的工作人员现在正准备迎接更大的挑战,那就是GEN-Ⅳ的测试环节,这将在技术上比今天在美国商业运行的GEN-Ⅱ设计领先两步。

尽管担心灾难性事故和放射性废物处理,但原型核电站的论点支持 GEN-Ⅱ的成本效益。

对降低总拥有成本以生产更多电力且提高投资回报率等的需求不断增加,促使美国和世界各地的十几家公用事业公司再次开始向核管理委员会(Nuclear Regulatory Commission, NRC)申请许可的漫长过程,这些许可主要包括建造新的核电站及更新现有核电站的运行许可证。如果一切顺利,他们可以在下一个 10 年中期发电。这些反应堆将是 GEN-Ⅲ和 GEN-Ⅲ+的设计——对今天的 GEN-Ⅱ有革新改进,这些反应堆以某种形式使用水作为冷却剂和慢化剂(即轻水堆、沸水堆或压水推)。

但是,根据美国能源部的说法,真正需要的是更安全、更便宜的反应堆,这些反应堆产生的废物更少,使用的燃料不易用于武器生产。为了开发这种反应堆,包括美国在内的 10 个国家于 2000 年联合成立了 GEN-Ⅳ国际论坛(generation-Ⅳ international forum,GIF)。一个由来自参与国的 100 多名科学家所组成的委员会共评估了 100 多个设计。两年后,他们选出了最好的 6 个。所有最终的 GEN-Ⅳ概念都与过去的设计完全不同,例如,有些不使用慢化剂。其他则呼吁使用氦气或熔融铅作为冷却剂。

GEN-Ⅱ和 GEN-Ⅲ的顶层视图如图 1.8 所示。美国目前所有运行中的核电站都采用轻水堆技术,该技术使用普通水作为慢化剂和冷却剂。下一代核电站将 GEN-Ⅱ概念提升到一个新的水平,提高了安全性和效率。公用事业公司计划在这个 10 年末开始建造GEN-Ⅲ。

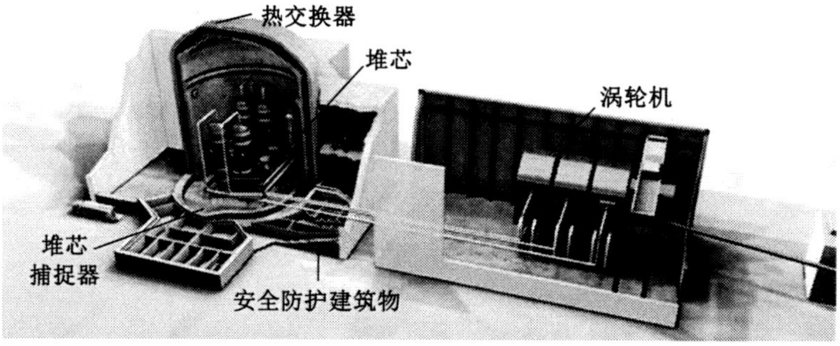

图 1.8 GEN-Ⅱ和 GEN-Ⅲ的顶层视图(由赫斯特通信公司提供)

在 GEN-Ⅱ中,水循环流过堆芯,在堆芯中被燃料的链式反应加热,然后将热水通过管道输送到蒸汽发生器,蒸汽使涡轮机旋转,从而产生电力。GEN-Ⅲ主要通过增强安全功能改进了这种设计。两层独立的 51 in(1 in=0.025 4 m)厚混凝土墙,内层衬有金属,每层都足够坚固,可以承受重型商用飞机的撞击。反应堆容器位于 20 ft(1 ft=0.304 8 m)厚的混凝土板上,带有密封的“堆芯捕捉器”,如果发生熔毁,熔化的堆芯会聚集并冷却。还有 4 个带有独立稳压器和蒸汽发生器的安全防护建筑物,每个都能够为反应堆堆芯提供紧急冷却。

GEN-Ⅳ与其之前的反应堆完全不同,它更换了水冷却剂和慢化剂,达到了更高的温度,以获得产生氢气和发电的潜力。图 1.9 是高级 GEN-Ⅳ示意图。截至今天①,6 种类型的反应堆被指定为 GEN-Ⅳ[1]。

① 为原著的出版时间,即 2019 年。——译者注

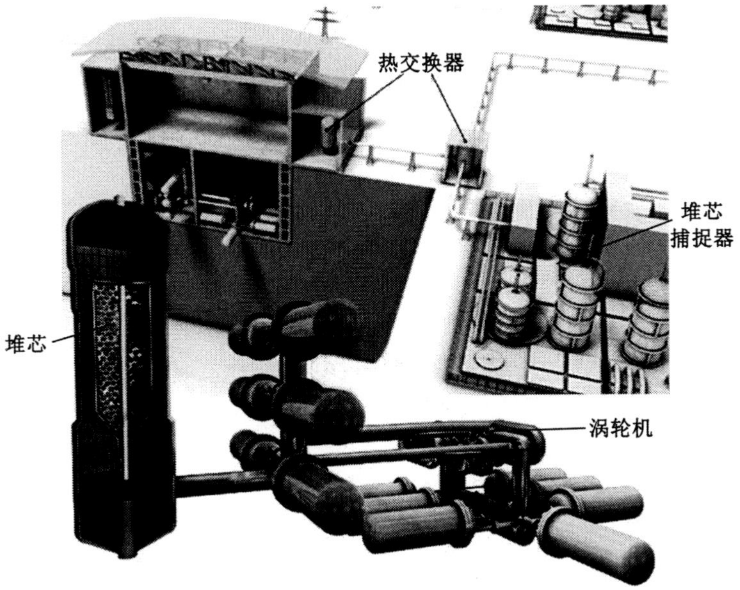

图 1.9 高级 GEN-Ⅳ示意图(由赫斯特通信公司提供)

正在考虑的 6 种 GEN-Ⅳ设计之一是防熔毁的球床反应堆,它使用包裹在石墨球中的铀颗粒作为燃料。氦气在通过这些球状物的容器循环时被加热,然后为涡轮机提供动力以发电。

使用图 1.8 的热交换器可以将氦气产生的热量传递到相邻的设施(即堆芯捕捉器),以生产氢气。该核电站依赖于“非能动安全”:如果冷却系统出现故障,核反应会自行停止。

参考文献①

[1] Data taken from *Human Development Report* 2014, *United Nations Development Programmed.* Available at: http://hdr.undp.org/en/content/human-development-index-hdi and *Electric Power Consumption* (*kWh per capita*), *The World Bank.* Available at: http://data.worldbank.org/indicator/EG.USE.ELEC.KH.PC

[2] http://www.nuclearconnect.org/know-nuclear/applications/electricity

[3] http://www.triplepundit.com/special/nuclear-energy-pros-and-cons/

[4] Zohuri, Bahman. 2015. *Combined Cycle Driven Efficiency for Next Generation Nuclear Power Plants: An Innovative Design Approach.* Cham: Springer Publishing Company.

[5] Zohuri, Bahman, and Patrick McDaniel. 2015. *Thermodynamics in Nuclear Power Plant.* Cham: Springer Publishing Company.

[6] Zohuri, B. 2014. *Innovative Open-Air Brayton Combined Cycle Systems for the next Generation Nuclear Power Plants.* Albuquerque: University of New Mexico Publications.

[7] Zohuri, B., and P. McDaniel, A Comparison of a Recuperated Open Cycle (Air) Brayton Power Conversion System with the Traditional Steam Rankine Cycle for the Next Generation Nuclear Power Plant will be published in Nuclear Science.

[8] McDaniel, P. J., B. Zohuri, and C.R.E. de Oliveira A Combined Cycle Power Conversion System for Small Modular LMFBRs. ANS Transactions, September 2014.

① 为原著参考文献。——译者注

[9] Zohuri, B., P. McDaniel, and C.R.E. de Oliveira. A Comparison of a Recuperated Open Cycle (Air) Brayton Power Conversion System with the Traditional Steam Rankine Cycle for the Next Generation Nuclear Power Plant, ANS Transactions, June 2014.

[10] McDaniel, P. J., C. R. E. de Oliveira, B. Zohuri, and J. Cole. A Combined Cycle Power Conversion System for the Next Generation Nuclear Power Plant, ANS Transactions, November 2012.

[11] Forsberg, C., P. McDaniel, and B. Zohuri. Variable Electricity and Steam from Salt, Helium, and Sodium Cooled Base-Load Reactors with Gas Turbines and Heat Storage, Proceedings of ICAPP 2015, 3-6 May 2015-Nice (France) Paper 15115.

[12] http://timeforchange.org/nuclear-power-articles? filter0%5B%5D=60

[13] http://timeforchange.org/prediction-of-energy-consumption

[14] Source: History: Energy Information Administration (EIA), International Energy Annual 2003 (May-July 2005), website www.eia.doe.gov/iea. *Projection*: EIA, System for the Analysis of Global Energy Market (2006).

[15] http://www.nei.org/Knowledge-Center/Nuclear-Statistics/Costs-Fuel,-Operation,-Waste-Disposal-Life-Cycle/US-Electricity-Production-Costs.

[16] http://www.popularmechanics.com/science/energy/a869/3760347/

第 2 章　能源资源与核能的作用

能量被广义地定义为改变现有条件的能力。因此，术语“能量”意味着具有行动能力。能量的评估是通过测量某些按描述性名称分类的效应来完成的，这些效应可以在受控条件下产生。例如，位于某个位置的物体可能具有势能，或者如果该物体在运动，则它可能具有动能，或者如果它的组成特性（如温度或压力）发生变化，则它具有内能。内能可以通过外部负载所经历的势能变化来测量。

2.1　世界能源

在过去的半个世纪里，化石燃料（即煤炭、石油和天然气）供应了世界能源需求的主要部分。然而，人们早就意识到，在不久的将来，这些能源将基本耗尽。目前，所有国家的总能源消耗量约为每年 1×10^{17} BTU。由于世界人口稳步增长，人均用电量也在增加，到 2020 年，能源利用率很可能是当前值的 5~10 倍。据估计，以不超过目前成本 2 倍的价格开采的已知煤、石油、天然气和油页岩总量大约为 4×10^{19} BTU。这意味着在大约 100 年内，世界上具有经济价值的化石燃料储量可能接近枯竭。

2.2　当今的全球能源市场

当今的全球能源市场对发电技术提出了许多要求，包括高热效率、低成本、快速安装、可靠性、环境合规性和操作灵活性。上面的结论，即使考虑到其中的一些边际误差，如果地球要在人们生活水平有所提高的情况下支持不断增长的人口，就不可避免地必须在未来 50 年左右的时间内找到新的能源。对少数这样的能源进行了一些考虑，如太阳能、风能及核能。一方面，尽管太阳能和风能非常有吸引力，但发展大规模工艺及此类系统的大型工厂还需要几年的时间；另一方面，核能已经在最重元素的裂变中或使用极轻核聚变方面处于可行且先进的研究阶段。商业用途的聚变工艺技术是非常先进的，它采用激光驱动氘和氚（氢的两种同位素）粒子从而可控地释放能量。此外，核裂变已被确立为一种实用的能源生产手段，并在不久的将来与化石燃料生产的能源在经济上具有很强的竞争力。

裂变能源装置所用燃料的基础原材料，如铀和钍等，总量非常大，在地壳中 3 mi（1 mi=1 609.344 m）的深度就可能有 1 012 t 左右。然而，其中大部分都存在于含有所需元素比例非常小的矿物中，因此提取将非常昂贵且成本效益不高，特别是对于储量为 2×10^{6} t 的高品位矿石；因此，我们需要利用这方面的先进技术，将中、低品位矿石的回收成本降低到每磅至少 100 美元或更少。

核电站布局和模块化概念的发展需要同时了解一回路系统与二回路系统。通用电气公司的蒸汽和天然气联合循环发电设备满足并超越了这些需求，将发电厂的性能提升到前所未有的水平。蒸汽和燃气轮机联合循环的发展与燃气轮机的发展并行，从而产生了可靠的联合循环设备。那些采用通用电气公司先进燃气轮机技术的公司已实现接近 58%的效率水平,这主要是由于先进燃气轮机的高温燃烧特性。MS9001H 燃气轮机在完全运行时将在联合循环应用中实现 60%的效率。

除了燃气轮机技术的进步外,蒸汽轮机的性能也在不断发展。通用电气公司的蒸汽和天然气联合循环发电产品线包括蒸汽循环方案,可满足大范围经济方面的考虑,包括燃料灵活性、燃料成本、占空比和空间限制。

集成煤气化联合循环系统中的热交换器、过滤器、涡轮机和其他组件必须能够承受高温与压差的苛刻条件。在高温煤气的高度硫酸化条件下,除非使用昂贵的高合金材料,否则部件的性能会随时间显著降低。在低成本合金上沉积合适的涂层可以提高其对这种硫化侵蚀的抵抗力,并降低成本和运营费用。研究表明,腐蚀反应是氧化反应和硫化反应之间的较量。铁基和镍基高温合金很容易受到硫化侵蚀,除非它们用高含量的铬、铝和硅进行强化。为了具有耐腐蚀性,这些元素不需要在合金的主体中,而只需要存在于表面层。

2.3 廉价石油的终结和能源的未来

全球常规石油产量将比大多数人想象的更早开始下降,很可能在 10 年之内就会开始。我们记得,1973 年和 1979 年发生了两次价格的突然上涨,对工业界产生了“粗暴”的影响,并使人们认识到工业对廉价原油的依赖。1973 年,导致油价第一次上涨的事件发生在阿拉伯和以色列战争期间的阿拉伯禁运。当伊朗国王被废黜时,价格上涨了 2 倍,然后又几乎翻了一番,这让主要经济体陷入了困境。就在几年前,石油勘探者在阿拉斯加北坡和欧洲海岸附近的北海下方发现了巨大的新油藏。大多数分析师的情绪和政治反应预示着,由于这些类型的能源危机,世界原油会出现短缺。没有足够的地下储层用于石油勘探,将使世界经济的未来生存置于关键道路上。

作为石油输出国组织(Organization of the Petroleum Exporting Countries, OPEC)成员国的 5 个中东国家能够提高原油价格,不是因为石油供应短缺,而是因为他们设法控制了 36%的国际市场。后来,由于阿拉斯加和北海的石油开采,原油需求下降,随后油价下跌,OPEC 对价格的控制崩塌。下一次石油危机不会这么短暂。世界各地油田的勘探、发现和生产表明,未来 10 年,常规石油供应将无法支撑,也无法跟上需求。这一结论是否与石油公司的报告相矛盾是一个悬而未决的问题。根据显示储量正在增长的官方图表,目前的石油产量约为每年 236 亿桶石油,这可能表明未来 43 年或更长时间内原油价格低廉。但是存在以下严重错误。

首先,它依赖于对储量的失真估计。

其次,假设生产将保持不变。

最后,也是最重要的一点,传统观点错误地认为,最后一桶石油可以像今天从油井中喷出的石油一样迅速地从地下抽出。

事实上,任何油井或任何国家的石油产量总是会上升到最大值,然后当大约一半的石油耗尽时,产量开始逐渐回落为零。

从经济的角度来看,世界的石油何时完全耗尽与以下并没有直接关系:重要的是产量从何时开始逐渐减少。在这之后,除非需求相应下降,否则价格将上涨,如图 2.1 所示。

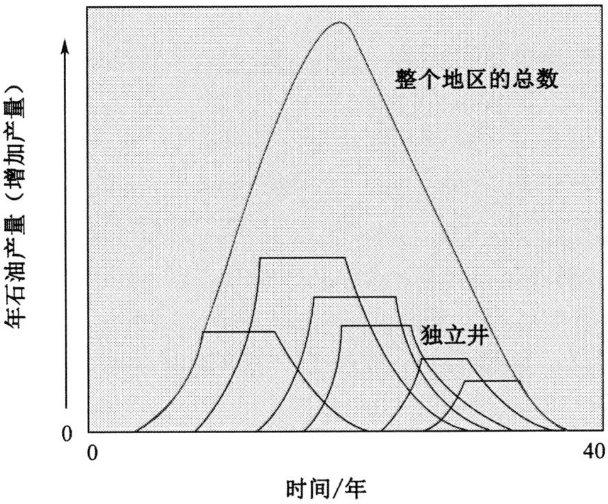

图 2.1 当大约一半的石油耗尽时,石油产量开始下降[将不同规模和年龄的产地的产量(曲线)相加,通常会产生整个地区的钟形产量曲线。壳牌石油公司的地质学家 M.King Hubbert 在 1956 年利用这一事实正确预测了来自美国本土 48 个州的石油产量将在 1969 年左右达到峰值。]

使用几种不同的技术来估计常规石油的当前储量和仍有待发现的数量,该领域的许多专家得出的结论是:在 2010 年之前开始下降。

在实践中,一些公司或国家经常故意对他们报告的石油储备量含糊其词,并更愿意公布对他们最有利的数字。例如,夸大的石油储量估计值会提高石油公司股票的价格,如图 2.2 所示。

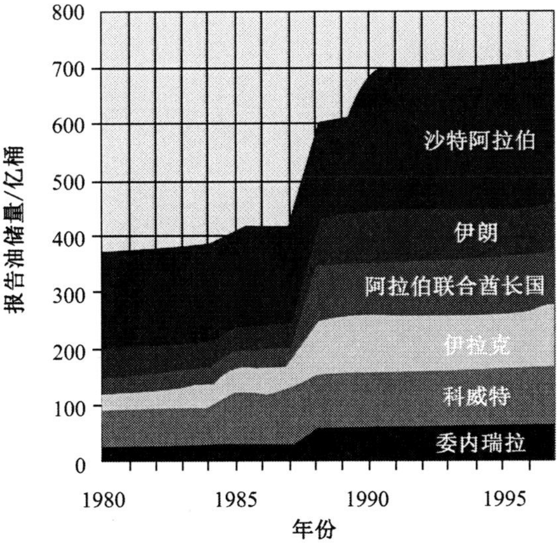

图 2.2 6 个 OPEC 成员国报告的储量出现可疑年份增长,使官方储量增加了 3 000 亿桶石油,但并未发现新油田

OPEC 成员国面临着更大的诱惑来夸大他们的报告,因为他们的石油储备量越高,他们被允许出口的石油就越多。在 OPEC 主要国家中,拥有专属石油开采权的国家不需要(也不会)发布可用于核实该国总储量的每个油田的详细统计数据。因此,我们有充分的理由怀疑,在 20 世纪 80 年代后期,当 11 个 OPEC 国家中的 6 个国家大幅增加储备量数字(42%~197%)时,他们只是为了增加出口配额。

与此同时,全球对石油的需求目前正以每年超过 2%的速度增长。自 1985 年以来,拉丁美洲的能源使用量增长了约 30%,非洲增长了 40%,亚洲增长了 50%。美国能源信息署预测,到 2020 年,全球对石油的需求将增长 60%(每年约 400 亿桶石油)。

因此,石油产量从增长转向下降几乎肯定会造成经济和政治紧张局势。除非石油的替代品迅速证明自己的价值,否则 OPEC 国家在中东的市场份额将迅速上升。两年内,这些国家在全球石油业务中的份额就会超过 30%,接近 20 世纪 70 年代油价冲击期间达到的水平。

因此,世界可能会看到油价急剧上涨。仅此一项就足以抑制需求、使产量在 10 年内趋于平缓(1979 年石油危机后,需求量下降了 10%以上,并用了 17 年时间才恢复)。许多中东国家很快就会超过中点,届时世界石油产量将不得不下降。

然而,如果准备充分,向后石油经济的过渡不一定是创伤性的。如果利用天然气生产液体燃料的先进方法能够盈利并迅速扩大规模,那么天然气可能成为下一个运输燃料来源(参见 Safaa A. Fouda 撰写的《来自天然气的液体燃料》,第 92 页)[1]。更安全的核能、更便宜的可再生能源和石油保护计划都可能有助于推迟传统石油不可避免的衰退。

各国应当立即开始规划和投资。2009 年 11 月,由美国总统任命的一个能源专家小组强烈敦促政府在未来 5 年内增加 10 亿美元的能源研究资金。这是朝着正确方向迈出的一小步,紧随其后的是私企的巨大飞跃。

世界并没有耗尽石油,至少现在还没有。我们的社会所面临的是:所有工业国家所依赖的、丰富而廉价的石油的时代很快会终结。

2.4 如何处理煤炭

在可预见的未来,大量且廉价的煤炭有望为发电厂提供燃料,但我们能否避免它对环境造成破坏呢?

应对气候变化意味着解决燃煤发电厂排放带来的问题。除非我们迅速采取行动,严格限制在燃烧煤炭发电时释放到大气中的二氧化碳量,否则我们几乎无法控制全球变暖。燃烧煤炭的副作用可以总结如下。

(1) 煤炭被广泛地用于发电厂发电,但它也会产生大量使气候变化的二氧化碳。

(2) 与传统发电厂相比,新的气化设施可以更有效、更经济地提取二氧化碳,因此可以安全地储存在地下。

(3) 世界必须开始实施碳封存以防止全球变暖。

煤炭,这个推动工业革命的燃料,是一种特别令人担忧的能源。部分原因是与燃烧石油或天然气相比,燃烧它每单位发电产生的二氧化碳要多得多。此外,煤炭价格低廉,并且在石油和天然气变得非常稀缺后很长一段时间内仍将保持充足。由于煤炭丰富且价格低廉,在美国和其他地方正在广泛使用,预计在煤炭资源丰富的地区将继续增加用量[1]。图 2.3 为密苏里州的一条河流中的氢氧化铁沉淀物,该河流接收来自露天煤矿开采产生的酸性排水。

图 2.3 密苏里州的一条河流中的氢氧化铁沉淀物,该河流接收来自露天煤矿开采产生的酸性排水（由美国地质调查局提供）

事实上,美国电力供应商预计将在 2003—2030 年建造相当于近 280 500 MW 的燃煤发电厂。与此同时,中国已经相当于每周建造一个大型燃煤发电厂。到 2030 年,投入运行的新发电设施在其大约 60 年的寿命中,向大气中排放的二氧化碳量可能与自工业革命开始以来燃烧的所有煤炭释放的二氧化碳量一样多[1]。

煤炭的使用会导致一系列有害后果,包括被断层的山脉、酸性和有毒排放物造成的空气污染,以及被煤炭废物污染的水。开采活动也会危及矿工,并可能导致矿工死亡。这些后果使煤炭生产和转化为有用能源成为地球上更具破坏性的活动之一。

我们需要为上述问题寻找替代方案,以应对未来的需求。唯一的答案是尽快转向使用替代燃料,包括天然气和核能,以及太阳能、风能和地热能。“能源耗尽从长远来看并不是问题,但未来 10 年会出现问题,我们需要摆脱对石油的依赖。”[1]

2.5 能源的未来

能源的未来将大不相同。尽管该领域专家在各种报告中强调了所有不确定性,但我们可以肯定的是,2030 年的能源世界将与今天有所不同。世界能源系统将发生转变,但不一定以我们希望看到的方式发生转变。我们对当前全球能源供应和消费趋势的报告中强调的一些趋势充满信心,包括环境、经济和社会方面。但是,当仍有时间改变我们所走的道路时,这可以且必须改变。为了应对全球变暖,我们需要考虑中国、印度、中东和其他非经济合作与发展组织地区在能源市场及二氧化碳排放量中日益增长的权重。国有石油公司迅速增长的主导地位和低碳能源技术的出现似乎是解决当前问题的必要方法,但还不够。虽然市场失衡可能会导致价格暂时回落,但越来越明显的是,廉价的石油时代已经结束。但许多关键政策的驱动因素(更不用说其他外部因素)仍然存在疑问。所有国家的政府,无论是生产国还是消费国，都可以单独或共同行动，引导世界走向更清洁、更智能、更具竞争力的能源系统。时间不多了，现在是采取行动的时候了。所以，我们需要问的是“核能是否有竞争力”？

许多从事能源生产业务的公司表示，答案是肯定的。制造商已向美国核管理委员会的安全工程师提交了新的设计，该机构已经批准了一些设计方案，如果它们建在先前批准的场地上，就可以开工建设。公用事业公司、反应堆制造商和建筑/工程公司已建立合作伙伴关系来建造发电厂，正等待最终批准。大批学生正在报考大学的核工程专业，工业界和政府的乐观预测预示着核设施的建造量将激增，如图 2.4 所示。

图 2.4　典型核电站

就像又一次登月一样，在中断 35 年之后启动新反应堆建设当然是可能的，尽管这不是一个确定的赌注。专家认为，因为这几十年来的技术进步，这一次会更容易。但是对于像登月这样大的项目，还有另一个问题：它值得吗？

为了回答这个问题，我们至少需要解决马萨诸塞理工学院报告[2]中提出的 4 个与核电相关的未解决问题，这些问题在本书开头也提到过。为了论证第一点，即从总所有权和投资回报率来看，用现代和当今技术建造核电站的成本，我们需要从这只“野兽”在芝加哥大学地下室诞生的那一天起了解它的本质。

2.6　从过去到现在的核电站发电历史

在美国，大多数用于发电的反应堆设计和开发都来自早期海军的核研究，当时人们意识到紧凑型核电站对潜艇推进具有巨大优势。这样的发电厂将使高速远洋航行成为可能，而无须潜艇频繁地浮出水面。阿贡国家实验室被分配了设计这种反应堆的任务。于是第一代压水堆诞生了。它使用高浓缩铀作为燃料，加压水作为慢化剂和冷却剂。该反应堆的第一个原型 STR Mark1 于 1953 年 3 月在爱达荷州的阿尔科开始运行,其生产版本于 1953 年 5 月安装在美国第一艘核动力潜艇“鹦鹉螺”号上。

由于在潜艇反应堆成功运行中获得的经验,第一个商业版的压水堆在宾夕法尼亚州希平港设计并安装,并于 1957 年 12 月 2 日投入运行,压力为 13.8 MPa。热交换器中产生的蒸汽温度约为 254 ℃ (490℉),压力接近 4.14 MPa。为了使反应堆具有成本效益并降低产生的电力成本,只有少量燃料元件在铀-235 (^{235}U) 中作为与锆的合金进行了高度浓缩,其余的是普通二氧化铀。堆芯设计的变化需要更多的空间用于商业化压水堆的占地面积。对于陆基设施而言,这不是问题。该反应堆的输出功率约为 60 MW(e)和 230 MW(t)。堆芯设计的进一步改进将功率提高至 150 MW(e)和 505 MW(t)。压水堆使用少量(2%~6%)浓缩的二氧化铀作为燃料,现在在美国和全球其他国家通常用于商业发电。最近的发电厂的电力输出接近 1 000 MW(e) [3 000 MW(t)]。

后来,基于不同燃料材料、慢化剂和冷却剂的其他反应堆设计诞生了。这些反应堆具有不同的电力和热功率输出,示例如下。

(1)1953 年启动的沸水堆。

(2)1954 年启动的水冷石墨慢化反应堆。

(3)高温气冷堆 (high-temperature, gas-cooled reactor, HTGR)

(4)液态金属快中子增殖反应堆 (liquid metal fast-breeder reactors, LMFBR)

基本上,目前所有商业反应堆发电厂都是利用核裂变的热量以使水沸腾并为涡轮机产生蒸汽的系统。它们通常被称为“核蒸汽供应系统”或 NSSS(nuclear steam supply systems)。蒸汽在涡轮机中膨胀,涡轮机以传统方式驱动发电机发电。涡轮机排出的蒸汽进入冷凝器,在那里转化为液态水,然后作为给水返回到 NSSS 的蒸汽发生器。

1.压水堆

压水堆是最常见的类型,美国有 280 多个可运行的反应堆用于发电,还有数百个用于潜艇的推进系统。压水堆的设计起源于潜艇动力装置。压水堆使用普通水作为冷却剂和慢化剂。该设计的特点是具有在非常高的压力下流经反应堆堆芯的主冷却一回路和产生蒸汽以驱动涡轮机的二回路。在俄罗斯,这些被称为 VVER 类型,水用于慢化与冷却。

压水堆有 200~300 个燃料棒,垂直排列在堆芯中。一个大型反应堆将有 150~250 个燃料组件和 80~100 t 铀。

反应堆堆芯中的水达到约 325 ℃,因此必须将其保持在约 150 倍大气压下以防止其沸腾。压力由稳压器中的蒸汽维持。在主冷却一回路中,水也是慢化剂,如果其变成蒸汽,裂变反应就会减慢。这种负反馈效应是该类型的安全特性之一。二级停堆系统涉及向一回路中添加硼。

二回路的压力较小,其中的水在热交换器中沸腾,因此被称为蒸汽发生器。蒸汽驱动涡轮机发电,然后被冷凝并返回与主回路接触的热交换器。压水堆如图 2.5 所示。

2.沸水堆

沸水堆的设计与压水堆有许多相似之处,只是只有一个回路,其中的水处于较低的压力(大约 75 倍大气压),因此它在堆芯中以约 285 ℃沸腾。该反应堆被设计为在堆芯顶部有 12%~15%的水与蒸汽共同运行,因此具有较小的慢化效果和较低的效率。沸水堆比压水堆更容易在负荷跟随模式下运行。

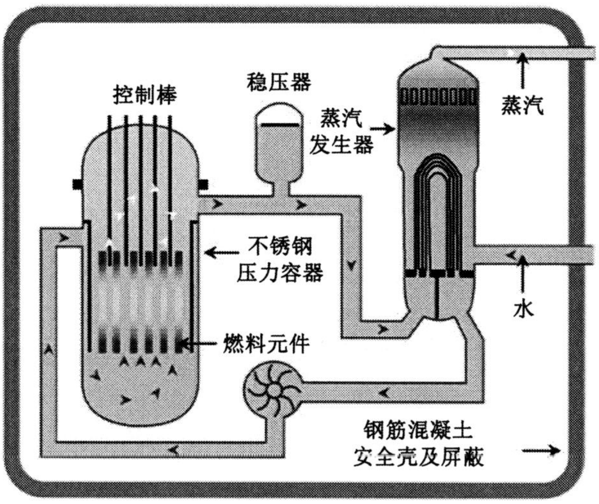

图 2.5　压水堆(由世界核协会提供)

蒸汽通过堆芯上方的干燥板(蒸汽分离器),然后直接进入涡轮机,涡轮机是反应堆回路的一部分。由于反应堆堆芯周围的水总是被微量的放射性核素污染,这意味着核反应堆在维护期间必须对涡轮机进行屏蔽并提供辐射防护。由于简单的设计,这样做可以平衡成本的花销。水中的大部分放射性物质的存在都是非常短暂的(即大部分是氮-16,半衰期为7 s),因此在反应堆停堆后很快就可以进入涡轮机。

一个沸水堆燃料组件包括90~100个燃料棒,反应堆堆芯中有多达750个燃料组件,可容纳140 t铀。二级控制系统涉及限制通过堆芯的水流,以便顶部有更多蒸汽减少慢化。沸水堆如图2.6所示。

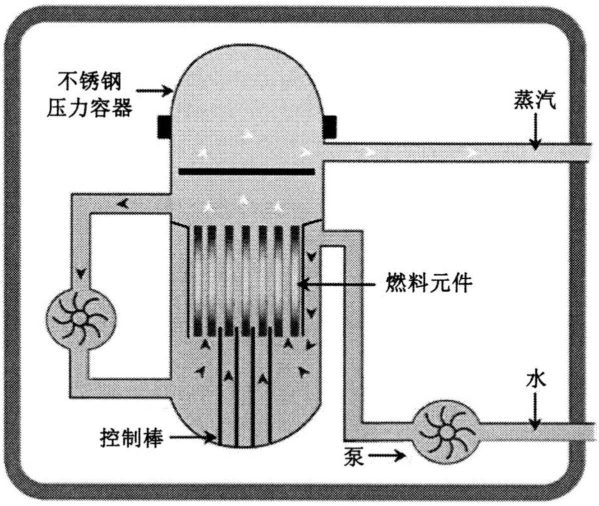

图 2.6　沸水堆(由世界核协会提供)

3.重水堆

重水堆自 20 世纪 50 年代以来在加拿大被开发出来，称作 CANDU，20 世纪 80 年代以后，也在印度被开发出来。重水堆通常使用天然铀（0.7% ^{235}U）氧化物作为燃料，因此需要更有效的慢化剂，在这种情况下是重水（D_2O）［即在 CANDU 系统中，慢化剂是浓缩的（即水）而不是燃料，这是一种成本权衡］。与其他设计相比，重水堆每千克开采的铀可产生更多的能量，但每单位输出产生的废燃料量也大得多。重水堆如图 2.7 所示。

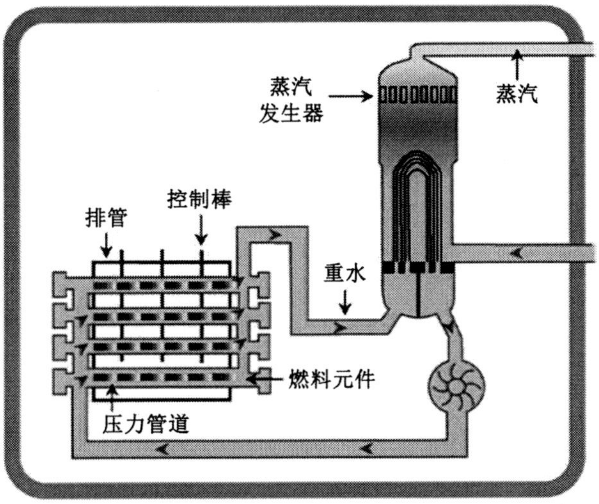

图 2.7　重水堆（由世界核协会提供）

一个 CANDU 燃料组件由一束 37 根半米长的燃料棒（锆合金管中的陶瓷燃料芯块）和一个支撑结构组成，其中 12 束首尾相连地位于燃料通道中。控制棒垂直穿透排管，二级停堆系统涉及向慢化剂中添加钆。循环时通过排管容器主体的重水慢化剂也会产生一些热量（尽管图 2.7 中未显示该回路）。

较新的重水堆设计，如先进坎杜反应堆（advanced candu reactor, ACR），采用轻水冷却和略微浓缩的燃料。

CANDU 可以接受多种燃料。它们可能使用来自轻水堆乏燃料后处理的回收铀或这种燃料与浓缩厂排放的贫化铀的混合物来运行。大约 4 000 MW（e）的压水堆可能会为 1 000 MW（e）的 CANDU 容量提供燃料，并添加贫化铀。钍也可用作燃料。

4.先进气冷堆

先进气冷堆是英国的第二代气冷反应堆，使用石墨慢化剂和二氧化碳作为主冷却剂。燃料是在不锈钢管中浓缩至 2.5%～3.5%的氧化铀芯块。二氧化碳通过堆芯循环，达到 650 ℃，然后通过其外部的蒸汽发生器管道，但仍在混凝土和钢制压力容器内（因此是“一体化”设计）。控制棒穿过慢化剂，二级停堆系统涉及向冷却剂中注入氮气。

先进气冷堆是从 Magnox 反应堆发展而来的。Magnox 反应堆也采用石墨慢化和二氧化碳冷却，并使用金属形式的天然铀燃料和水作为二次冷却剂。英国最后一个 Magnox 反应堆于 2015 年底关闭。先进气冷堆如图 2.8 所示。

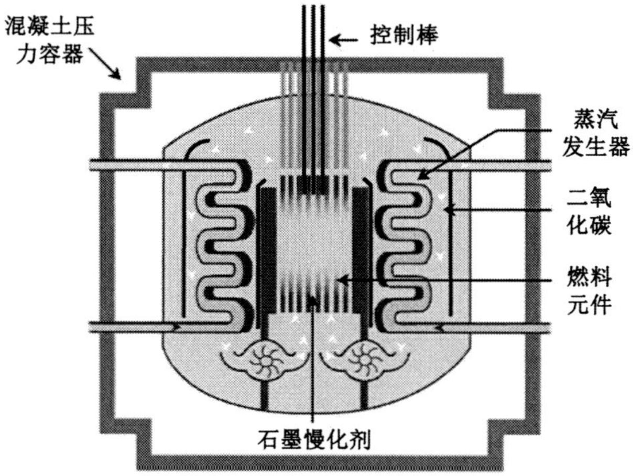

图 2.8　先进气冷堆(由世界核协会提供)

5.轻水石墨慢化堆

轻水石墨慢化堆是苏联设计的,由钚生产反应堆发展而来。它采用贯穿石墨慢化剂的长的(7 m)垂直压力管,并用水冷却,允许在 290 ℃的温度下在堆芯中沸腾,就像在沸水堆中一样。燃料是低浓缩铀氧化物,制成了 3.5 m 长的燃料组件。慢化效应在很大程度上是由于固定的石墨,过度沸腾只是在不抑制裂变反应的情况下减少了冷却和中子吸收,并且可能会出现正反馈问题,这就是为什么它们从未在苏联以外的地方建造的原因。

苏联设计的大功率通道反应堆(reaktor bolshoy moshchnosty kanalny,RBMK)是一种加压水冷反应堆,具有独立的燃料通道,并使用石墨作为慢化剂。它也被称为轻水石墨反应堆。它与大多数其他动力反应堆设计非常不同,因为它源自钚生产的设计,并在俄罗斯用于钚生产和发电。

石墨慢化剂和水冷却剂的组合使用在世界其他动力反应堆中都没有发现。正如切尔诺贝利事故所表明的那样,大功率通道反应堆的几个设计特征,特别是控制棒设计和正空隙系数是不安全的。切尔诺贝利事故发生后,为了解决这些问题,人们进行了许多重大的设计改进。轻水石墨慢化堆如图 2.9 所示。

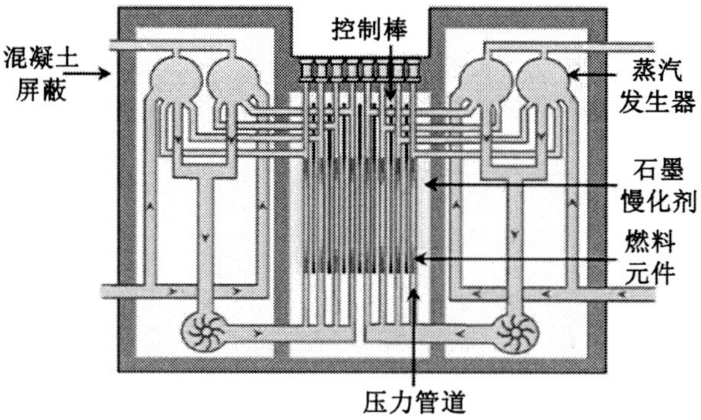

图 2.9　轻水石墨慢化堆(由世界核协会提供)

2.7 核动力反应堆的额定功率

核电站反应堆功率以如下几种方式表示。

(1)热功率取决于实际核反应堆本身的设计,并与其产生的蒸汽量和品质有关。

(2)总功率表示连接的涡轮机和发电机产生的功率,还考虑了冷凝器回路的环境温度(更冷意味着更多的电力,更热意味着更少的电力)。额定总功率假定二者都具有某些条件。

(3)净功率,即在扣除运行反应堆(冷却泵和给水泵等)和发电厂其余部分所需的电力后,可从发电厂发送到电网的电力。

注意:夏季和冬季的净功率与总功率略有不同,因此通常使用较低的夏季数字或平均数字。如果引用夏季数据,则核电站在较冷时期的容量系数可能大于100%。据报道,由于冷凝器冷却水温度不同,田纳西州的 Watts Bar 压水堆夏季运行功率约为 1 125 MW(e),冬季运行功率约为 1 165 MW(e)。一些设计方案,如用电动机[如欧洲压水堆(European pressurized water reactor, EPR)或华龙一号]而不是涡轮机(在蒸汽到达主汽轮发电机之前将其输送)为主要的大型给水泵供电,解释了不同反应堆类型之间的一些总功率到净功率的差异。由于这个原因,欧洲压水堆从总功率到净功率有相对较大的下降。如上所述,华龙一号需要 20 MW(e)来运行其主泵。

核电站提供的热量实际转化为电能的比例称为系统热效率。因此,在核设施中:

$$热效率=\frac{发电量}{反应堆产生的热量} \tag{2.1}$$

热效率的最大可能值为理想热效率,由以下关系式给出:

$$理想热效率 = \frac{T_2 - T_1}{T_2} \tag{2.2}$$

其中,T_1是进入涡轮机的蒸汽的绝对温度,K;T_2是热量被排出到冷凝器的温度,K。

可以通过使 T_2尽可能高和 T_1尽可能低来提高理想的热效率。实际上,T_1或多或少取决于环境温度;蒸汽发电厂的热效率在很大程度上取决于蒸汽温度,蒸汽温度应该尽可能高。

它们之间的关系可以用以下两种方式表示。

(1)热效率,总功率与热功率的比值。这与来自反应堆的蒸汽和冷却水之间的温差有关,通常为33%~37%。

(2)净效率,达到的净功率与热功率的比例。这个值稍微低一点,允许发电厂使用。

一般而言,净功率用于运营工厂,总功率用于在建或计划/提议的发电厂,如图 2.10 所示。

压水堆和沸水堆的条件是蒸汽温度低于现代化石燃料发电厂,后者通过燃烧煤、石油或天然气产生热量。这些核反应堆的热效率仅为33%左右,而最好的化石燃料发电厂的热效率为40%。然而,对于高温气冷堆和快中子增殖反应堆,热效率应该与最好的化石燃料发电厂的热效率相同,即大约为40%。

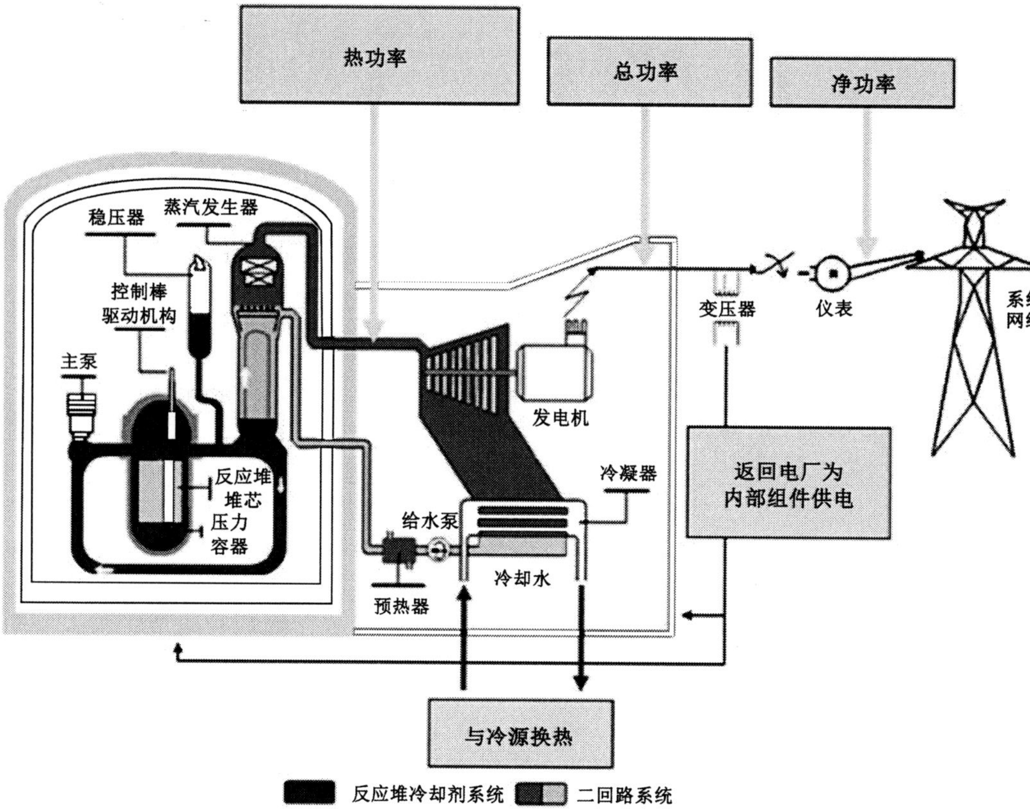

图 2.10　热功率与净功率间的关系(由世界核协会提供)

2.8　未来核动力装置系统

为了应对核电在实现适用性、足够高的安全性和具有竞争力的经济基础方面的困难，美国能源部于 1999 年启动了 GEN-Ⅳ计划。GEN-Ⅳ是指将核设计大致分为以下 4 类。

(1)早期原型反应堆(GEN-Ⅰ)。

(2)当前的大型集中式核电站(GEN-Ⅱ)。

(3)近年来设计的先进轻水堆与其他具有固有安全特性的系统(GEN-Ⅲ)。

(4)今后 20 年设计与制造的下一代发电系统(GEN-Ⅳ)。

到 2000 年,国际上对 GEN-Ⅳ项目的兴趣已经形成了一个由 9 个国家组成的联盟,包括以下几个国家。

(1)阿根廷。

(2)巴西。

(3)加拿大。

(4)法国。

(5)日本。

(6)南非。

(7)韩国。

(8)英国。

(9)美国。

参与国正在规划和合作研究与开发未来的核能系统。

尽管GEN-Ⅳ计划正在探索各种各样的新系统,但仅有几个例子可以用来说明为实现目标而开发的反应堆设计的广泛方法。

下一代系统一般基于如下反应堆。

(1)气冷。

(2)水冷。

(3)快中子谱。

下面将讨论所有这些类别及其简要设计。

2.9 用于发电的下一代核动力反应堆

专家预测,未来几十年全球电力消耗将大幅增加,尤其是在发展中国家。随之而来的经济增长和社会进步将对电价上涨产生直接影响。这引起了人们对核电站的新关注。更安全、更经济的新的核反应堆不仅可以满足我们对未来许多能源的需求,还可以对抗全球变暖。如今,美国现有的在役核电站提供了其总电力输出的1/5。

考虑到全球能源需求的预期增长,以及人们对全球变暖、气候变化问题和可持续发展的日益增长的认识,核能将是满足未来全球能源需求所必需的。

如上一节所述,核电站技术已经演变为不同的设计世代,这里再次简要总结如下。

(1)第一代:原型和第一次实现(1950—1970年)。

(2)第二代:当前运行的核电站(1970—2030年)。

(3)第三代:对当前反应堆的可部署改进(约2000年及以后)。

(4)第四代:先进的新型反应堆系统(2030年及以后)。

GIF旨在领导世界领先的核技术国家合作开发下一代核能系统,以满足世界未来的能源需求。

GEN-Ⅳ系统在4个领域定义了8个技术目标。4个领域如下。

(1)可持续性。

(2)经济性。

(3)安全性与可靠性。

(4)防扩散性和物理保护。

许多国家在响应21世纪的经济、环境和社会要求时都拥有这些雄心勃勃的目标。他们建立了一个框架,并确定了专注于GIF研发工作的具体目标,如图2.11所示。

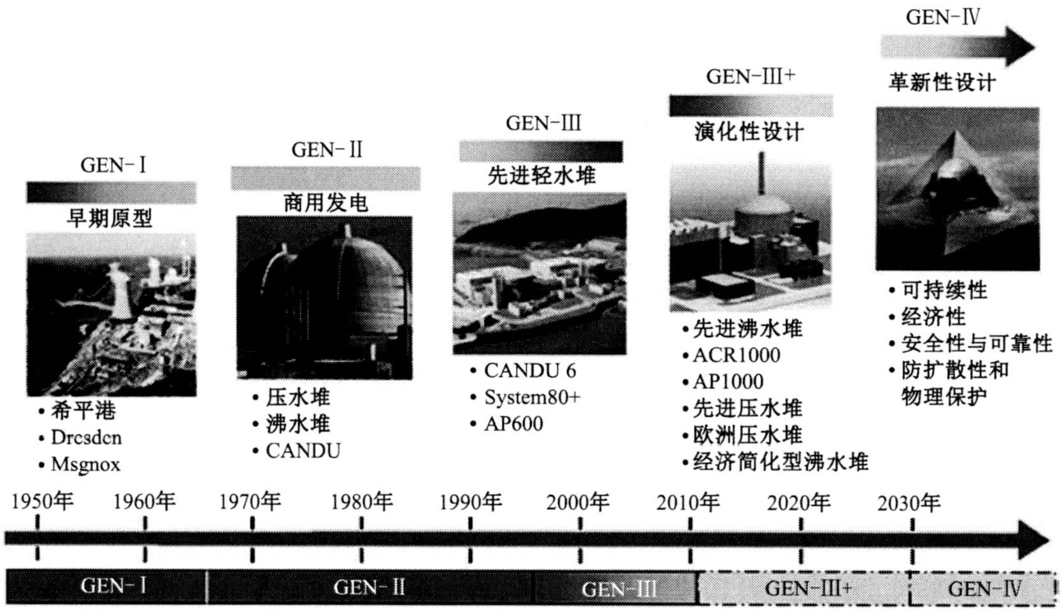

图 2.11　核反应堆的演变

2.10　GEN-Ⅳ核能系统的目标

GEN-Ⅳ核能系统旨在满足以下目标(同时在经济竞争力、安全性和可靠性方面至少与GEN-Ⅲ核能系统一样有效),以实现核能的可持续发展,见表 2.1。

表 2.1　GEN-Ⅳ核能系统的目标

可持续性 1	GEN-Ⅳ 核能系统将提供可持续的能源生产,满足清洁空气的目标,并为全球能源生产提供长期可用的系统和有效的使用
可持续性 2	GEN-Ⅳ 核能系统将最大限度地减少和管理核废料,并显著减轻长期管理负担,从而促进对公众健康和环境的保护
经济性 1	GEN-Ⅳ 核能系统将比其他能源具有更明显的生命周期成本优势
经济性 2	GEN-Ⅳ 核能系统将具有与其他能源项目相当的财务风险
安全性与可靠性 1	GEN-Ⅳ核能系统运行具有出色的安全性和可靠性
安全性与可靠性 2	GEN-Ⅳ 核能系统发生反应堆堆芯损坏的可能性和程度都非常低
安全性与可靠性 3	GEN-Ⅳ 核能系统将消除异地应急响应的需要
防扩散性和物理保护	GEN-Ⅳ 核能系统将增加保障,证明它们非常没有吸引力,并且是转移或盗窃核武器可用材料的最不理想途径,同时提供更多的物理保护以防止恐怖主义行为

原则上,GEN-Ⅳ核能系统应该在 2030 年开始上市或部署。这些系统还应该为与核能

广泛使用所兼容的新应用提供真正的助力,特别是在氢气或合成碳氢化合物生产、海水淡化和工艺产热等领域。

人们已经认识到,这些被许多国家广泛且正式分享的目标应当成为国际共享的研发计划的基础,该计划允许保持开放和巩固技术方案,避免任何过早或不成熟的选择。

事实上,由于 GEN-Ⅳ核能系统将解决需要改进的领域问题并提供巨大的助力,许多国家在支持其发展的先进研发方面有着共同的利益。国际研究界应通过确定有前景的研究领域和合作努力来探索这种发展效益。许多国家在开发先进的 GEN-Ⅳ核能系统方面的研发合作,原则上将通过利用资源、提供协同机会、避免不必要的重复和加强合作,以帮助实现这些系统的发展。

2.11 GEN-Ⅳ核能系统技术路线图

GEN-Ⅳ核能系统技术路线图定义并规划了必要的研发,以支持下一代创新核能系统,即 GEN-Ⅳ。该路线图是由阿根廷、巴西、加拿大、法国、日本、韩国、南非、瑞士、英国和美国,以及国际原子能机构、经济合作与发展组织核能署共 10 个国家及 2 个国际组织合作研究出来的。

从 2001 年开始,来自这些国家和国际组织的 100 多位专家开始致力于确定新系统的目标,确定许多有前景的概念,对其进行评估,并确定最有前景的系统所需的研发。到 2002 年底,这项工作描述了 6 个最有前景的系统及其相关研发需求。

(1)气冷快堆:具有快中子谱、氦冷反应堆和闭式燃料循环的特点。

(2)超高温气冷堆:一种石墨慢化、氦冷反应堆,具有单程铀燃料循环的特点。

(3)超临界水冷堆:一种在水的热力学临界点以上运行的高温、高压、水冷反应堆。

(4)钠冷快堆:采用快中子谱钠冷反应堆和闭式燃料循环,可有效管理锕系元素和可转化铀。

(5)铅冷快堆:具有快中子谱、铅/铋共晶液态金属冷却反应堆和闭式燃料循环的特点,可高效转化可生产铀并管理锕系元素。

(6)熔盐堆:在具有超热中子谱反应堆和完整锕系元素再循环燃料循环的循环熔盐燃料混合物中产生裂变能。

这些系统在可持续性、安全性和可靠性、经济性、防扩散性和物理保护方面取得了重大进展。这 6 个系统具有更高的安全性、更高的电力生产和用于运输用途的氢等新产品的经济性,减少了用于处置的核废料量,增强了防扩散性。

2009 年,专家组发布了 GEN-Ⅳ研发展望,以提供 GIF 成员找到希望在 2010—2014 年共同实现的目标。所有 GEN-Ⅳ核能系统都具有旨在提高性能、核能的新应用和/或更可持续的核材料管理方法的功能。高温系统提供了高效工艺热应用和最终氢气生产的可能性。增强可持续性主要是通过采用闭式燃料循环,使用快堆对钚、铀和微量锕系元素进行后处理和再循环来实现的,这种方法大大减少了废物的产生和对铀资源的需求。

表 2.2 总结了 6 个 GEN-Ⅳ核能系统的主要特征。

表 2.2　6 个 GEN-Ⅳ核能系统的主要特征

系统	中子谱	冷却剂	温度/℃	燃料循环	规模/MW(e)
超高温气冷堆	热	氦气	900~1 000	开式	250~300
钠冷快堆	快	钠	550	闭式	30~150 300~1 500 1 000~2 000
超临界水冷堆	热/快	水	510~625	开/闭式	300~700 1 000~2 000
气冷快堆	快	氦气	850	闭式	1 200
铅冷快堆	快	铅	480~800	闭式	20~180 300~1 200 600~1 000
熔盐堆	中速中子	氟化盐	700~800	闭式	1 000

2.12　6 个最有前景的核能系统描述

GEN-Ⅳ核能系统的简要总结如下。

1.超高温气冷堆

超高温气冷堆(图 2.12)是高温反应堆演变发展的下一步。超高温气冷堆是一种氦气冷却、石墨慢化、热中子谱反应堆,其堆芯出口温度大于 900 ℃,目标温度为 1 000 ℃,足以支持通过热化学过程生产氢气。参考反应堆热功率设定在允许非能动衰变热排出的水平,目前估计约为 600 MW(t)·h。超高温气冷堆主要用于电和氢的热电联产,以及其他工艺热应用。它可以通过使用热化学、电化学或混合工艺从水中生产氢气,从而减少二氧化碳气体的排放。首先,其将采用单程低浓铀(小于 20% ^{235}U)燃料循环,但将评估闭式燃料循环,以及与其他类型反应堆(尤其是轻水堆)的潜在共生燃料循环,以减少废物。

2.钠冷快堆

钠冷快堆(图 2.13)系统使用液态钠作为反应堆冷却剂,可实现高功率密度和低冷却剂体积份额。反应堆可以布置成池式布局或紧凑的回路布局。正在考虑的反应堆尺寸选项范围从小型[50~300 MW(e)]模块化反应堆到大型反应堆[高达 1 500 MW(e)]。两种主要的燃料循环技术方案是先进的水处理和火法冶金处理。钠冷快堆正在考虑选择多种不同的燃料,混合氧化物优先用于高级水循环,混合金属合金优先用于火法冶金加工。由于几个国家积累了大量的钠冷堆经验,钠冷快堆系统原计划是在 2020 年部署与使用。

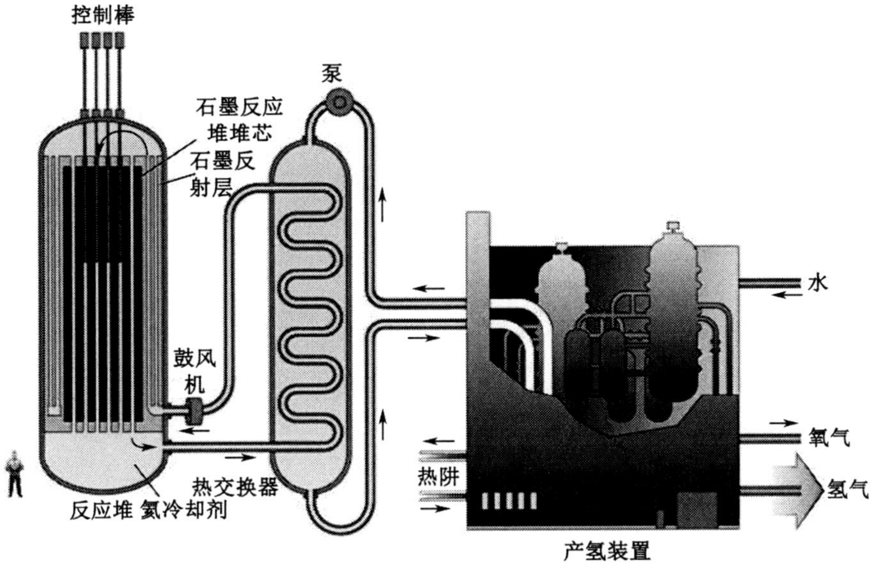

图 2.12 超高温气冷堆

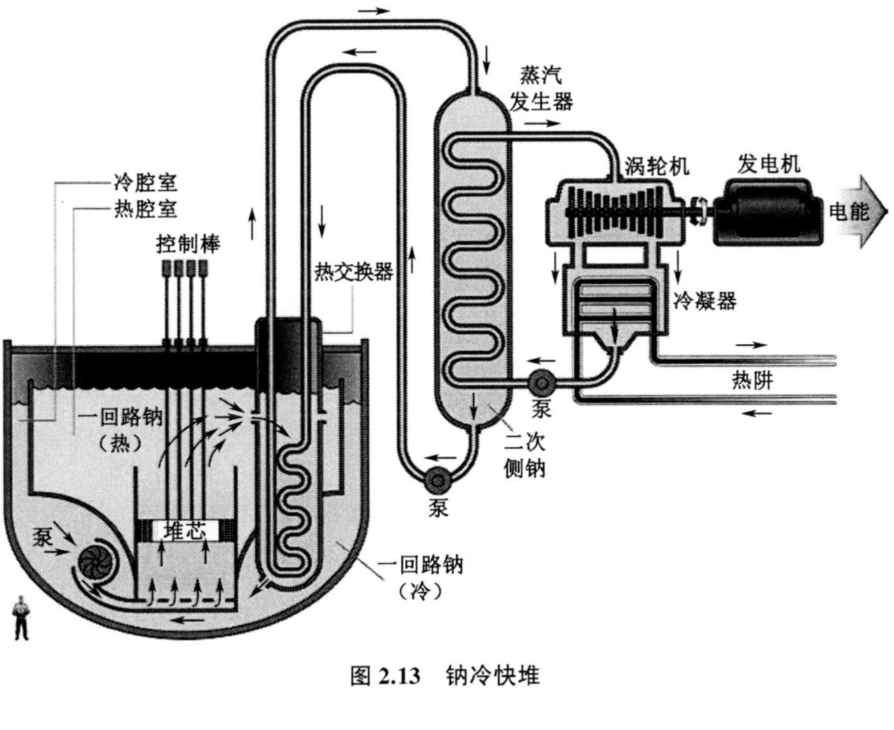

图 2.13 钠冷快堆

3.超临界水冷堆

超临界水冷堆(图 2.14)是一类以直接能量转换循环运行且高于水的热力学临界点(374 ℃,22.1 MPa)的高温、高压水冷反应堆。高温单相冷却剂提供的更高热力学效率和核电设施的简化有机会转化为更好的经济效益。目前考虑了多种方案:设想了热中子谱和快中子谱,并考虑了压力容器和压力管配置。30~150 MW(e)技术示范目标是在 2022 年运行。

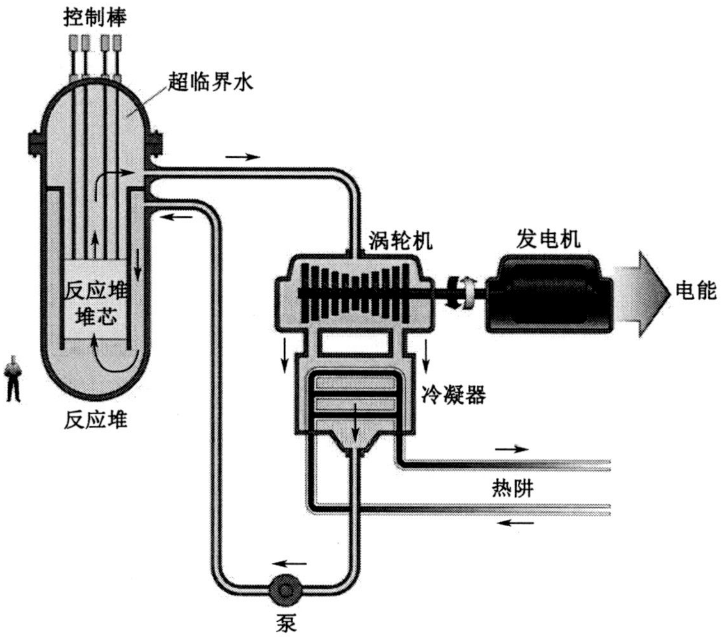

图 2.14　超临界水冷堆

4.气冷快堆

气冷快堆(图 2.15)的主要特点是具有快中子谱的可裂变自给自足堆芯、坚固的耐火燃料、高工作温度、高效发电、燃气轮机能量转换,以及锕系元素可能完全回收与综合的现场燃料后处理设施相关联。到 2020 年,可实现关键技术鉴定的技术示范堆投入运行。

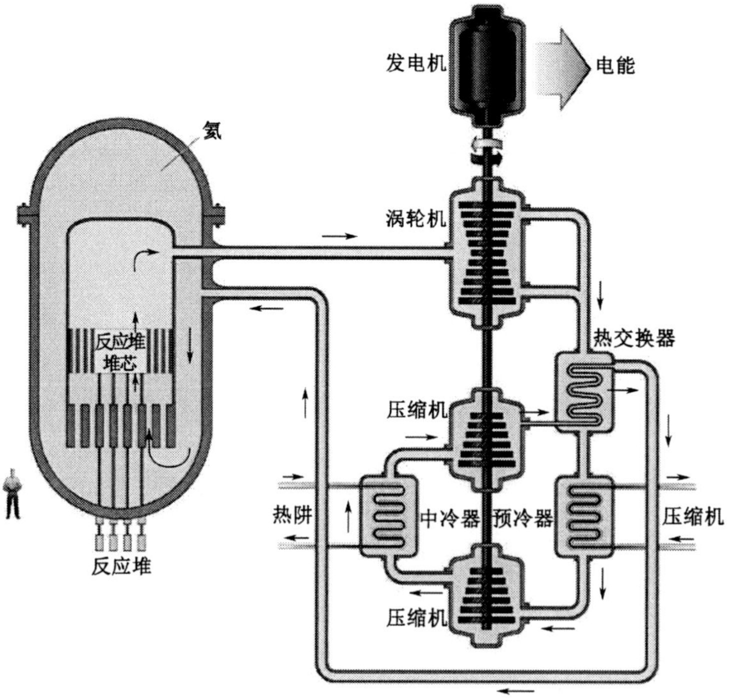

图 2.15　气冷快堆

5.铅冷快堆

铅冷快堆(图 2.16)系统的特点是快中子谱和闭式燃料循环,可能在中央或区域燃料循环设施中实现锕系元素完全回收。冷却剂可以是铅(首选方案)或铅/铋共晶。铅冷快堆可以作为增殖堆;使用惰性基质燃料从乏燃料中提取锕系元素的燃烧器;或使用钍基质的燃烧器/增殖堆。考虑了两种反应堆尺寸方案:一种为 50~150 MW(e)的小型可移动系统,它具有很长的堆芯寿命;另一种是 300~600 MW(e)的中型系统。从长远来看,人们可以设想一个 1 200 MW(e)的大型系统。铅冷快堆系统可能会在 2025 年部署。

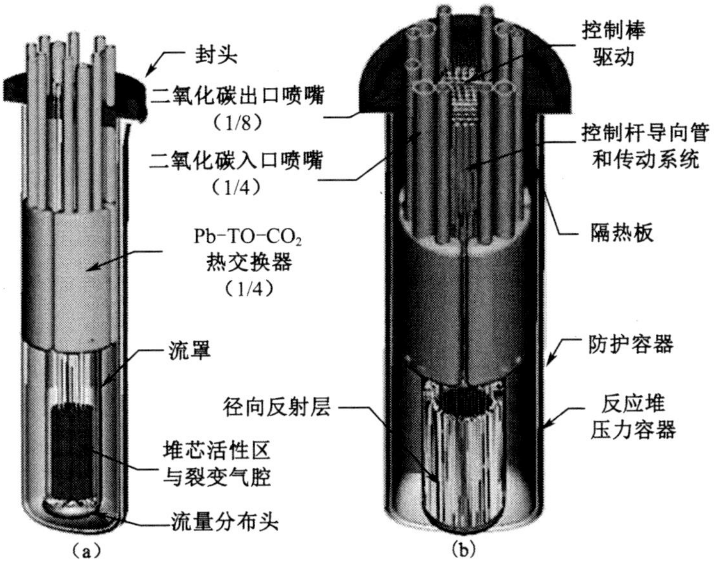

图 2.16 铅冷快堆

6.熔盐堆

熔盐堆(图 2.17)系统体现了液体燃料非常特殊的功能。熔盐堆概念可用作轻水堆乏燃料中超铀废物的高效燃烧器,还具有从热中子(基于钍的燃料循环)到快中子(铀-钚燃料循环)任何种类的中子谱中增殖的能力。无论是配置用于燃烧还是增殖,熔盐堆在最大限度地减少放射性核废料方面都有相当大的希望。

注意:超铀废物(也称为 TRU)是一种仅适用于美国的废物监管类别。这种类型的废物被称为“超铀”,因为它每克含有超过 3 700 Bq 的比铀重的元素(原子序数高于 92 的元素)。

原子序数大于铀的元素称为超铀元素。超铀废物中的元素通常是人造的,并且已知含有镅-241 和钚的几种同位素。由于元素的半衰期较长,与低放废物和中放废物相比,超铀废物的处理更加谨慎。在美国,它是武器生产、核研究和电力生产的副产品,由防护装备、工具、残留物、碎片和其他被少量放射性元素(主要是钚)污染的物品组成。

超铀废物的多次循环在快中子反应堆中是可行的,无论其冷却剂和燃料类型(氧化物、金属、碳化物或氮化物)如何。作为分裂和嬗变的一部分,这一过程适用于超铀废物(钚和次锕系元素)和长寿期裂变产物。应该记住,钚是一种特殊情况:它既可以被视为一种宝贵的资源,也可能是废物的一部分。但是,分裂和嬗变技术适用于最一般的情况。

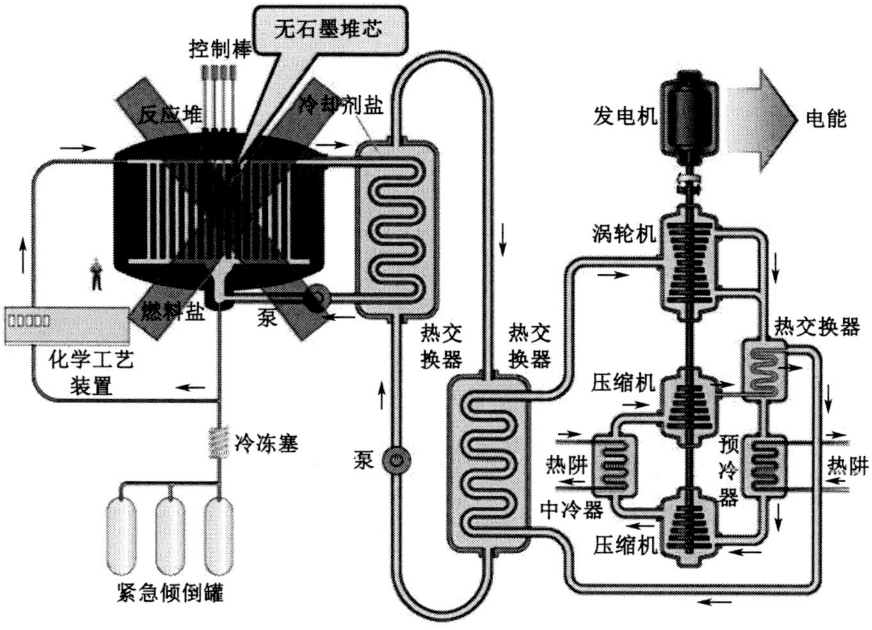

图 2.17　熔盐堆

超铀废物包括某些再处理废物和核武器生产产生的废物。美国能源部有大量的超铀废物储存，并已开始将其送到新墨西哥州的废物隔离试验工厂。

2.13　先进核反应堆

通常不同代的反应堆用于区分。GEN-Ⅰ开发于20世纪五六十年代，最后一个反应堆(英国的 Wylfa 1)于2015年底关闭。它们主要使用天然铀燃料，并使用石墨作为慢化剂。GEN-Ⅱ 以目前的美国舰队为代表，大部分在其他地方运行。它们通常使用浓缩铀燃料，并且主要由水冷却和慢化。GEN-Ⅲ是从前两代反应堆发展而来的先进反应堆，其中建设的前几个在日本运行，从2018年初开始在中国和阿拉伯联合酋长国运行，其他正在建设中。它们是具有更高安全性的第二代开发产品。GEN-Ⅱ和GEN-Ⅲ没有明显区别。

GEN-Ⅳ仍在设计阶段，在21世纪20年代中期之前不会投入使用。它们往往具有封闭的燃料循环，并燃烧现在构成乏燃料一部分的长寿期锕系元素，因此裂变产物是唯一的高放废物。在正在开发的6个设计中，将有四五个快中子反应堆。其中4个将使用氟化物或液态金属冷却剂，因此在低压下运行；2个将采用气冷。大多数反应堆将在比目前的水冷堆高得多的温度下运行。参见GEN-Ⅳ论文。

十多个先进反应堆(GEN-Ⅲ)设计正处于不同的开发阶段。有些是从上述的压水堆、沸水堆和CANDU设计演变而来的，有些则是更激进的创新。前者包括先进的沸水堆，其中一些正在与其他在建反应堆一起运行。最著名的创新设计是将大“鹅卵石”作为燃料，并使用氦作为冷却剂，在非常高的温度下，可能直接驱动涡轮机。

考虑到闭式燃料循环，GEN-Ⅰ~GEN-Ⅲ回收钚(也可能是铀)，而GEN-Ⅳ预计将完全回收锕系元素。

许多先进的反应堆设计是针对小型机组[低于300 MW(e)]和小型模块化反应堆类别的,由于它们中的几个可能共同构成一个大型发电厂,因此可能会逐步建造。除了普通的氧化物燃料外,其他燃料类型有金属、TRISO燃料、碳化物、氮化物或液态盐。

TRISO(三结构各向同性)燃料颗粒直径小于1 mm。每个都有一个核(0.5 mm)的碳氧化铀(或二氧化铀),^{235}U的浓度高达20%。该内核被碳层和碳化硅层包围,为裂变产物提供了一个安全燃料壳,可在1 600 ℃以上保持稳定。

总之,我们可以从研发的角度列出以下几点,作为先进核动力反应堆运行的一部分。

(1)核动力反应堆的改进设计正在国际上不断发展。

(2)第一个所谓的GEN-Ⅲ自1996年建成以来一直在日本运行。它们现在得到了进一步发展。

(3)正在建造的新型先进反应堆设计更简单,旨在降低投资成本。它们更节省燃料,具有更高的固有安全性。

(4)许多新设计都是小型的——最高可达300 MW(e)。这些在单独的信息文件中进行了描述。

50年来,核电行业一直在开发和改进反应堆技术,并开始建造下一代核电反应堆以填补新的订单需求。

世界上超过85%的核电是由最初为海军使用而设计的反应堆产生的。现在运行的这些和其他核电机组已被证明是安全可靠的,但它们正在被更好的设计所取代。

中国、北美、日本、欧洲、俄罗斯和其他国家与地区的反应堆供应商有十几个新的核反应堆设计处于规划或建设的后期阶段,而其他的则处于研发阶段。GEN-Ⅳ正处于研发或概念阶段。

所谓的GEN-Ⅲ有以下特点。

(1)每种类型的设计更标准化,以加快许可证发放、降低资本成本并缩短施工时间。

(2)更简单、更坚固的设计,使它们更易于操作且不易受操作故障的影响。

(3)更高的可用性和更长的使用寿命——通常为60年。

(4)进一步降低堆芯熔毁事故的可能性[3]。

(5)相当长的宽限期,以便核电站在停堆后(通常)72 h内无须主动干预。

(6)比早期设计更能抵抗飞机撞击,以抵抗放射性释放。

(7)更高的燃耗,以更充分、更有效地使用燃料并减少废物量。

(8)更多地使用可燃吸收剂("毒物")来延长燃料寿命。

与目前正在运行的大多数反应堆最大的不同在于,许多新设计的反应堆都包含非能动或固有安全特性[4],不需要主动控制或操作干预来避免在发生故障时的事故,并且可能依赖重力、自然对流或耐高温。

2.14 小型模块化动力反应堆

随着核工业在建造新核电站技术方面的进步,小型模块化动力反应堆的创新设计引起了核电站制造商的强烈兴趣。这些利益可以归纳为以下几点。

(1)人们对核能发电和工艺热能的小型且更简单的装置产生了浓厚的兴趣。

(2)这种对中小型核动力反应堆的兴趣是出于降低资本成本影响和远离大型电网系统

提供电力的期望。

(3)所涉及的技术众多且非常多样化。

自20世纪50年代以来,随着核电站的建立,反应堆机组的规模从60 MW(e)增长到1 600 MW(e)以上,并在运行中实现了相应的规模经济。与此同时,已经建造了数百个小型动力反应堆供海军使用[高达190 MW(t)的热能]和作为中子源,在小型动力装置的工程设计方面积累了大量的专业知识。国际原子能机构将“小型”定义为300 MW(e)以下,将“中型”定义为高达700 MW(e),包括20世纪的许多运行机组。现在,国际原子能机构将它们统称为中小型反应堆,英文缩写为“SMR”。然而,“SMR”更常用作“小型模块化反应堆”的首字母缩写,设计用于连续建造并共同构成大型核电站。(在本书中,与使用不同的预制模块来加快单个大型反应堆的建设无关)建议将极小型反应堆的子类别——vSMRs——用于约15 MW(e)以下的机组,特别是对于偏远地区。

一些早期(20世纪50—80年代)的小型动力反应堆是为偏远地区提供无人值守电源(即不需要连续燃料输送)而开发的。美国生产了8个这样的实验反应堆,功率为0.3~3 MW(e),部署在阿拉斯加、格陵兰和南极洲。苏联生产了大约20个,种类繁多,其中1个(伽马)仍在库尔恰托夫研究所运行。另1个是白俄罗斯的帕米尔。

今天,一方面是由于通过蒸汽循环发电的大型动力反应堆的高投资成本,另一方面是由于需要为约4 GW(e)以下的小型电网提供服务,因此开始开发小型机组。这些可以独立建造,也可以作为更大的复合体中的模块,并根据需要逐步增加容量,可参见本书第3章的内容。

人们可以根据生产的数量设想规模经济。此外,也有为偏远地区开发独立小型机组的举措。相较于那些成本通常与相关公用事业资本化相媲美的大型设备,小型设备被视为更易于管理的投资。

针对小型模块化反应堆的创新技术方法,特别是它们中的3个高温先进版本,显著降低了电力生产的成本。如此高效和非常有前途的方法,可满足全球人口的增长对电力的需求,同时满足清洁环境的要求,并通过为它们生产氢燃料电池作为电动的来源,有可能将今天由汽油驱动的汽车向更脱碳的版本发展[5-7]。

对小型模块化反应堆感兴趣的另一个原因是,它们可以更容易地进入棕地厂址,代替退役的燃煤发电厂,这些发电厂的机组很少有非常大的——90%以上的功率低于500 MW(e),甚至有些低于50 MW(e)。在美国,2010—2012年退役的燃煤机组平均为97 MW(e),预计2015—2025年退役的燃煤机组平均为145 MW(e)。

小型模块化反应堆被定义为通常等于或小于300 MW(e)的核反应堆,采用模块化技术设计,使用模块化工厂制造,追求批量生产的经济性和较短的建造时间。这个定义来自世界核协会,它是基于国际原子能机构和美国核能研究所的定义。下面提到的或列出的一些已经运行的小型反应堆不符合这个定义,但大多数反应堆的描述都符合这个定义。

2.15 先进小型模块化反应堆

在本书中,我们重点关注小型核电站类别中的先进设计,即现在首次建造的轻水堆类别,如NuScale电力公司的设计(图2.18和图2.19),或作为GEN-Ⅳ系列的一部分仍在设计阶段的项目。我们的关注点在3个小型模块化反应堆上,主要如下。

图 2.18 NuScale 电力公司的电源模块(由 NuScale 电力公司提供)

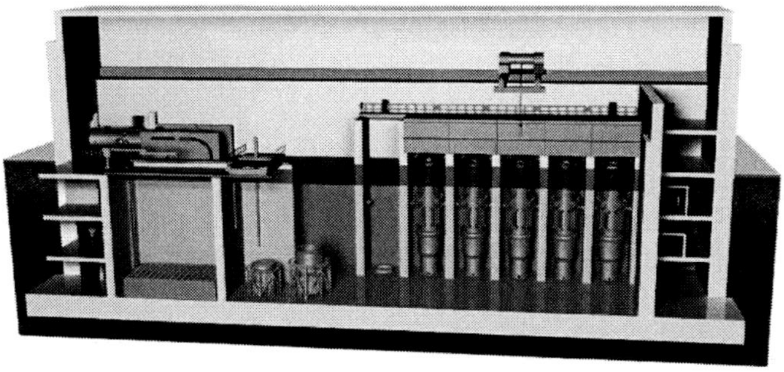

图 2.19 NuScale 电力公司的小型模块化反应堆
(由 NuScale 电力公司提供)

(1)熔盐堆。

(2)钠冷快堆。

(3)铅冷快堆。

为此,这 3 个小型模块化反应堆中的每一个都在本章第 2.18 节进行了描述,它们都被视为新一代核电站高温气冷堆类别的一部分。

但是,一些不在先进小型模块化反应堆主流类别之内的大型核电站,超出了本书的范围,可以在有关先进核动力反应堆信息的书籍和文章中找到,我们在本章 2.19 节简要介绍了一些。

请注意,此处描述的许多设计尚未真正成型。目前正在寻求 4 种主要选择:轻水堆、快中子堆、石墨慢化高温堆和各种熔盐堆。第一个轻水堆的技术风险最低,但第二个快中子堆可以更小、更简单,并且在换料前运行时间更长。一些熔盐堆是快中子谱。

先进小型模块化反应堆的规模高达 300 MW(e),采用模块化建造技术,通过火车或卡车将主要部件从工厂制造地点运送到发电厂现场,并包括简化工厂组装的现场活动所需的设计。这是基于轻水堆型设计的小型模块化反应堆,美国核管理委员会指的就是这种设计。在过去几年中,美国核管理委员会与几位小型模块化反应堆设计人员进行了不同程度的预应用活动。美国核管理委员会已收到这些供应商之一——NuScale 电力公司的设计认证申请。

NuScale 电力公司的小型模块化反应堆是一个小型功率模块单元,是具有 160 MW(t)、50 MW(e)的自然循环的一体化压水堆(图 2.18 和图 2.19)。

2013 年 12 月,美国能源部宣布将以 50-50 的成本分摊为基础,支持加速开发早期部署的设计。NuScale 电力公司于 2014 年 5 月签署了一项为期 5 年、价值 2.17 亿美元的协议。2017 年 9 月,在美国核管理委员会于年初接受了 NuScale 电力公司的设计认证申请后,该公司向美国能源部申请了第二部分贷款担保。

然而,在技术上,NuScale 电力公司基于基础设施轻水堆设计的小型模块化反应堆存在一个巨大的局限性,即蒸汽圆顶的热力学约束,参见本书第 4 章以及 Zohuri 和 McDaniel[5] 的书籍。

NuScale 电力公司提出的这种设计,旨在推动其走向市场,但这种设计无法使用这些作者[5-6]提出的开式布雷顿循环来利用联合循环驱动效率的优势,因为他们的设计再次受限在蒸汽圆顶下(图 2.20 和图 2.21)。

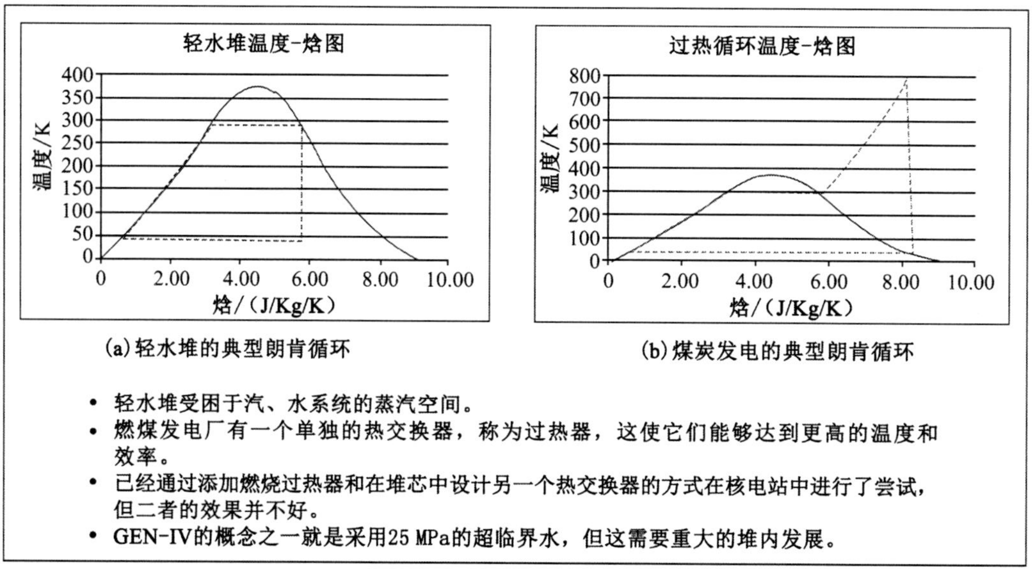

图 2.20　当前核电站设计的缺点

图 2.20 说明了传统轻水堆的运行温度,280~320 ℃限制了能量转换系统产生用于驱动冷凝涡轮机的加压蒸汽。在采用热回收措施后,使用这种朗肯循环的核电站的净效率为 32%~34%。相比之下,涡轮机入口温度高达或高于 1 400 ℃的燃气轮机具有约 40%的简单循环效率,在联合循环中可以提高到 60% 左右。考虑到核能的燃料成本非常低,联合循环或带热交换器循环的布雷顿循环显著提高了核电站净效率的能力,这对于核动力源来说是一个特别有吸引力的特征,但鉴于核能的联合循环的高运行温度要求,以前在技术上是不可行的。

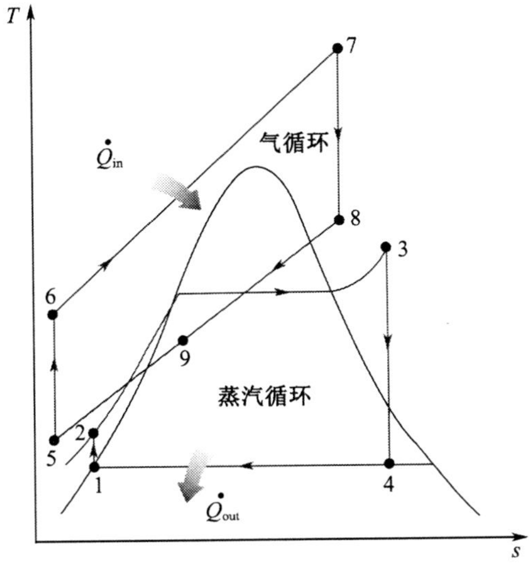

图 2.21 燃气(布雷顿)-蒸汽(朗肯)联合循环的 *T*-*s* 图解

作为先进小型模块化反应堆的一部分,我们需要注意的是氟化物盐高温堆的显著特征之一是主冷却剂回路的工作温度为600~700 ℃(分别为反应堆入口和出口温度)。尽管已经开发了其他先进的高温反应堆,但氟化物盐高温堆中使用的氟化锂和氟化铍共晶熔盐主冷却剂的高温特性使得运行温度范围特别适合驱动开式联合循环。随着涡轮机入口温度的升高,该循环的效率和发电量成比例增加。

美国目前正在开发的先进小型模块化反应堆代表了各种规模、技术选项和部署场景。这些先进的反应堆,预计大小从几兆瓦到数百兆瓦不等,可用于发电、工艺产热、海水淡化或其他工业用途。小型模块化反应堆可以使用轻水作为冷却剂或其他非轻水冷却剂,如气体、液态金属或熔盐。

先进小型模块化反应堆具有许多优点,如相对较小的尺寸、较低的投资资本、能够安装在大型核电站不可能修建的位置,以及允许增加功率增量。小型模块化反应堆还提供独特的保障、安全和防扩散优势。

先进小型模块化反应堆的部署有助于推动经济增长。

表 2.3 是核反应堆设计者和潜在的许可证申请人的总结,美国核管理委员会与他们一起参与了预申请活动。

表 2.3 轻水类小型模块化反应堆设计

设计	申请类型	申请人
NuScale 小型模块化反应堆	设计认证	NuScale 电力公司
BWXT mPower™	预申请	BWXT mPower 公司
小型模块化反应堆-160	预申请	SMR Inventec 公司, Holtec 国际公司
克林奇河核电站	早期场地许可证	田纳西河谷管理局

小型模块化反应堆的优势如下。

1.模块化

小型模块化反应堆中的术语“模块化”是指在工厂环境中制造核蒸汽供应系统的主要组件并运送到使用地点的能力。尽管当前的大型核电站将工厂制造的组件(或模块)纳入其设计,但仍需要大量的现场工作才能将组件组装到运行中的发电厂中。小型模块化反应堆只需要有限的场地准备,并大大减少对于大型机组而言很常见的冗长施工时间。与大型核电站相比,小型模块化反应堆具有设计简单、安全性更强、经济性和工厂生产所提供的质量,以及更大的灵活性(融资、选址、规模和最终应用)。随着能源需求的增加,可以逐步添加额外的模块。

2.低投资成本

由于较低的工厂资本花费,小型模块化反应堆可以减少核电站所有者的投资成本。模块化组件和工厂制造可以降低建造成本与工期。

3.选址灵活性

小型模块化反应堆可以为不需要大型发电厂或厂址缺乏支持大型设备的基础设施的地区提供电力,包括较小的电力市场、偏远地区、较小的电网、水资源和面积有限的场地,或独特的工业应用。预计小型模块化反应堆将成为替代或为老化/退役的化石燃料发电厂重新供电的有吸引力的选择,或者为补充现有工业工艺或发电厂提供一种不排放温室气体的能源选择。

4.更高的效率

小型模块化反应堆可以与其他能源(包括可再生能源和化石能源)结合使用,以生产出更高效率和多种能源终端产品,同时提高电网的稳定性和安全性。一些先进小型模块化反应堆设计可以为发电或工业应用产生更高温度的工艺热。

5.保障、安全和防扩散

小型模块化反应堆设计具有将当前安全措施和安全要求考虑在内的独特优势。设施保护系统,包括能够承受设计基准飞机坠毁场景和其他特定威胁的屏障,是应用于新小型模块化反应堆设计的工程工艺的一部分。小型模块化反应堆还为美国和更广泛的国际社会提供安全与潜在的防扩散优势。大多数小型模块化反应堆将在地下建造,以增强安全性和保障性,解决易受破坏和自然危害的问题。一些小型模块化反应堆将设计为在不换料的情况下长时间运行。这些小型模块化反应堆可以在工厂制造和加燃料,密封并运输到现场进行发电或加热,然后在生命周期结束时返回工厂进行去燃料处理。这种方法有助于最大限度地减少核材料的运输和处理。预计轻水类小型模块化反应堆将以低浓缩铀为燃料,即大约5%的^{235}U,类似于现有的大型核电站。应用于这些技术的“设计安全”概念有望提高小型模块化反应堆对核材料盗窃和转移的抵抗能力。此外,这些轻水类小型模块化反应堆的堆芯可以设计为将钚作为混合氧化物燃料燃烧。此外,基于非轻水堆冷却剂的小型模块化反应堆可以更有效地处理钚,同时最大限度地减少需要处理的废物。

6.美国工业、制造业和就业增长

小型模块化反应堆经济竞争力的理由源于这样一个概念,即模块化零部件的大规模制造将降低每千瓦电力的成本,这与当前的发电能源相当。小型模块化反应堆既有国内市场,也有国际市场,而美国工业有能力竞争这些市场。美国能源部希望标准化小型模块化反应堆设计的发展能够使美国公司在全球能源市场上占据优势地位。如果有足够数量的小型模块化反应堆机组订单,则它将提供必要的激励措施来发展适当的发电厂产能,以进一步增加小型模块化反应堆发电厂的美国国内和国际市场的销售。

7.经济发展

部署小型模块化反应堆将取代退役的发电设施并满足不断增长的发电需求,这将促进美国制造业、税收基础,以及高薪工厂、建筑和运营工作岗位的显著增长。2010 年[1]一项关于小型模块化反应堆部署对经济和就业影响的研究估计,制造和安装成本为 5 亿美元的典型 100 MW(e)的小型模块化反应堆将创造近 7 000 个工作岗位,并产生 13 亿美元的销售额、4.04 亿美元的收入(工资单)和 3 500 万美元的间接营业税。该研究考察了多个小型模块化反应堆部署率的影响,即低(1~2 台/年)、中(30 台/年)、高(40 台/年)和爆炸性(85 台/年)。该研究表明,即使在中等部署水平上发展小型模块化反应堆制造企业,也可以产生重大的经济影响。

作为围绕当前轻水堆设计和建造的小型模块化反应堆的优势与益处的一部分,表 2.4 总结了当前发电厂支持系统与潜在小型模块化反应堆支持系统的比较。

表 2.4 当前发电厂支持系统与潜在小型模块化反应堆支持系统的比较

当前轻水堆支持系统	小型模块化反应堆支持系统
反应堆冷却剂泵密封件。密封件泄漏一直是一个安全问题。密封件维护和更换既昂贵又费时	一体化设计消除了对密封件的需求
最终热阱和相关接口系统。河流和海水系统是能动系统,会因极端天气条件和生物污垢等原因而丧失功能	小型模块化反应堆设计是非能动的,通过传导和对流散热。不需要对外部水热阱进行散热
需要封闭冷却水系统来支持安全相关的系统,以去除堆芯和设备热量	安全相关系统不需要封闭的冷却水系统
供暖、通风和空调系统。该系统需要发挥作用,以支持安全相关系统的正常运行	工厂设计最大限度地减少或消除了与安全相关的厂房冷却的需要,排除了供暖、通风和空调系统与相关的封闭式水冷却系统

2.16 采用小型反应堆单元的模块化结构

美国西屋电气公司和国际革新与安全反应堆(international reactor innovative and secure, IRIS)合作伙伴概述了他们的 IRIS 设计[约 330 MW(e)]模块化建设的经济案例,该案例同样适用于其他类似或更小的机组。他们指出,IRIS 的尺寸和简单的设计非常适合模块化建设,即逐步建造具有多个小型运行机组的大型发电厂。规模经济在这里被许多小型、简单的组件和预制部分的批量生产所取代。他们预计第一个 IRIS 机组的建设将在 3 年内完成,随后仅 2 年便可完成。

厂址布局已开发为多个单一机组或多个双机组。在每种情况下,机组的建造都将有足够的物理分离,以便建造下一个机组,同时前一个机组正在运营并产生收入。尽管有这种分离，核电站占地面积仍然可以非常紧凑，例如，具有 1 000 MW(e) 容量的 3 个 IRIS 单模块的核电站的规模将与具有总功率相当的单个机组的核电站相似或更小。

许多小型反应堆的设计目的是作为大型发电厂的模块进行批量建设和集体运营。从这个意义上说，它们是"小型模块化反应堆"，但并非所有的小型反应堆都属于这种类型（如东芝公司的 4S），尽管"SMR"一词往往被宽泛地用于所有小型设计。

最终，预计包含多个小型模块化反应堆的发电厂的投资成本和生产成本将与更大的发电厂相媲美。但是，任何像这样的小型机组都可能具有资金流和灵活性，反之，对于大型发电厂而言是不可能的。当一个模块完成并开始发电时，它将为下一个要建造的模块产生正现金流。西屋电气公司估计，以 10%的利率融资 10 年，每隔 3 年建造 3 个 IRIS 发电厂，提供 1 000 MW(e) 电力所需的最大负现金流将低于 7 亿美元［相比之下，大约是单个具有 1 000 MW(e) 容量的发电厂的负现金流的 3 倍］。对于发达国家来说，小型模块化机组提供了按需建造的机会；对于发展中国家来说，这可能是唯一的选择，因为它们的电网无法承受 1 000+ MW(e) 的单台机组。

2.17 联合循环燃气发电厂

联合循环燃气轮机（combined cycle gas turbine, CCGT）动力装置本质上是一种发电厂，其中燃气轮机和蒸汽轮机结合使用，以实现比各自单独使用时具有更高的效率。燃气轮机驱动发电机，而燃气轮机的排气被用于在称为热回收蒸汽发生器（heat recovery steam generator, HRSG）的热交换器中产生蒸汽，以供应蒸汽轮机，其输出提供产生更多电力的手段。如果蒸汽被用于加热，那么该发电厂将被称为热电联产发电厂。

区分闭式循环发电厂（或热力发动机）和开式循环发电厂很重要。在封闭循环中，流体连续围绕封闭回路通过热力循环，在该循环中，从高温热源接收热量，将热量排到低温的热阱，通常将输出功用以驱动发电机。

燃气轮机发电厂可以简单地在闭合回路上运行，如图 2.22 所示。

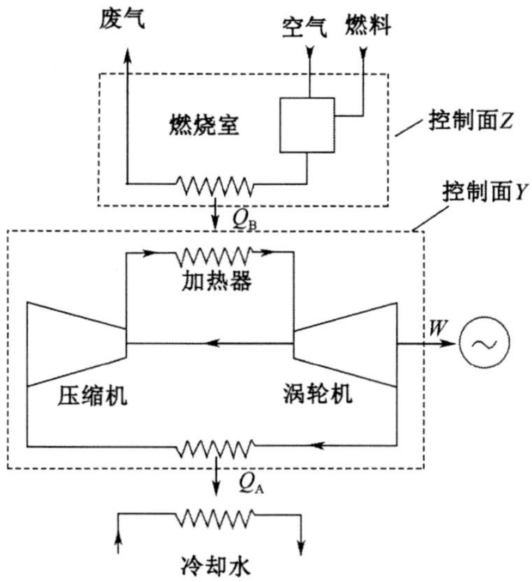

图 2.22　闭式循环燃气轮机装置

大多数燃气轮机发电厂在开式循环中运行,具有如图 2.23 所示的内燃系统。空气燃料分别穿过单个控制面进入压缩机和燃烧室,燃烧产物通过涡轮机膨胀后离开控制面。

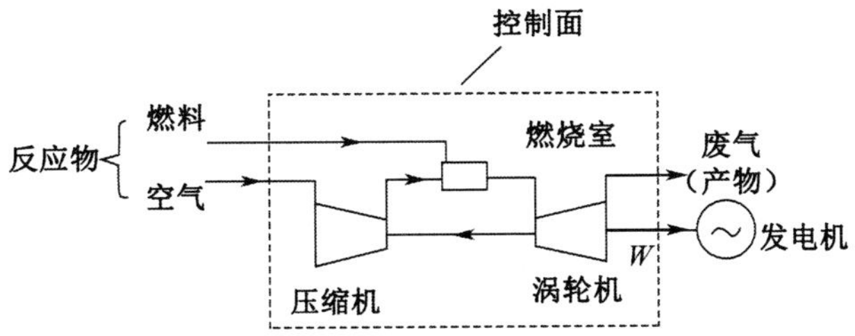

图 2.23 开式循环燃气轮机装置

在燃气轮机和蒸汽设备中用于发电的经典联合循环通常分别与布雷顿、朗肯的名字相关联。

图 2.24 是 CCGT 装置图解。它证明了一个事实,即 CCGT 系统是两个串联的热机。上面的发动机是燃气轮机。燃气轮机的排气口是下级发动机(蒸汽轮机)的输入口。蒸汽轮机将热量排放到循环水系统,以冷却蒸汽冷凝器。

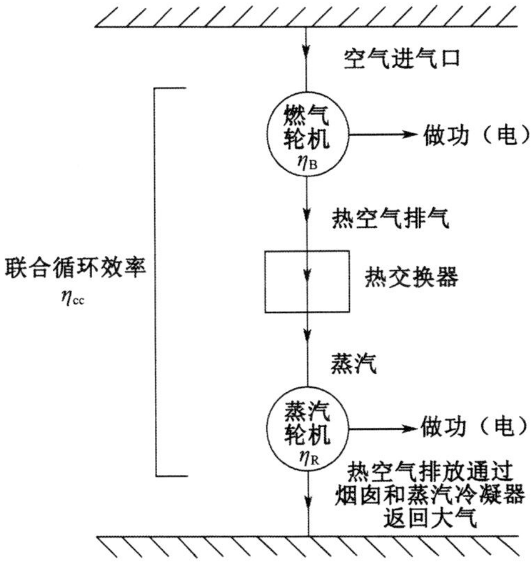

图 2.24 CCGT 装置图解

一个近似的联合循环效率(η_{cc})由下式给出:

$$\eta_{cc} = \eta_B + \eta_R - (\eta_B \cdot \eta_R) \tag{2.3}$$

式(2.3)表明,单个效率的总和减去单个效率的乘积等于联合循环效率。这个简单的方程对联合循环系统的成功提供了重要的见解。

例如,假设燃气轮机的效率(布雷顿)η_B为 40%(对于当今的燃气轮机来说是一个合理的值),而蒸汽轮机的效率(朗肯)η_R是 30%(对于一个朗肯循环蒸汽轮机来说是一个合理的值)。利用式(2.3)得出以下结论:

$$\eta_{cc} = 0.4 + 0.3 - (0.4 \times 0.3)$$

$$\eta_{cc} = 0.58$$

$$\eta_{cc} = 58\%$$

58%的联合循环效率远高于单独的燃气轮机或蒸汽轮机的效率。58%的效率有一定的误导,因为忽略了系统损失。然而,在过去几年中,CCGT 系统的效率值已记录在 60%范围内[7]。

CCGT 发电厂有许多不同的配置。一些公司选择将燃气轮机排气旁路烟囱视为商品,另一些公司则选择在涡轮机排气路径中加入分流器阻尼器。分流器阻尼器允许将发电厂快速配置为联合循环或简单循环系统。分流器阻尼器的初始成本远高于将燃气轮机排气烟囱作为商品处理的成本。然而,当需要 HRSG 或蒸汽轮机维修或维护时,分流器阻尼器允许燃气轮机以简单的循环运行。

2.18 为 GEN-Ⅳ提出的高级计算材料

近年来,人们对核反应堆技术重新产生了兴趣,部分原因是国际上对不产生二氧化碳等废气的能源感兴趣。这种兴趣的结果是建立了 GEN-Ⅳ国际论坛,该论坛是一个国际政府实体,其目标是促进、开发与新核能系统相关的双边和多边合作。

从历史上看,聚变和裂变反应堆项目都利用并建立在另一个项目的研究基础上。随着支持 GEN-Ⅳ项目的实验和建模活动大幅增长,这种杠杆作用有望在未来 10 年继续下去。GEN-Ⅳ研究将对类似材料和暴露条件感兴趣的领域加强聚变研究(反之亦然)。然而,除了对聚变和先进裂变反应堆项目常关心的问题外,未来 D(氘)、T(氚)聚变反应堆的设计者还面临一个独特的问题,即预测 14 MeV 中子源的影响。例如,计算硬件和软件的进步应该允许改进(在某些情况下是第一个)基于从头计算的合金相关属性的描述。这种计算可以为合金的实际原子间势提供基础,包括可应用于经典分子动力学模拟的合金-氦势。这些势必须对多体相互作用进行更详细的描述,而不是目前基于简单嵌入函数的一代。此外,在聚变反应堆条件下使用的电势(非常高的 pKa 能量)应考虑局部电子激发和电子能量损失的影响。使用更复杂势的计算成本也需要下一代大规模并行计算机。从头计算和原子计算的新结果可以与动力学及相场模型的不断进步相结合,以显著提高对具有不稳定微观结构的合金中非平衡、辐射诱导演化的预测。这包括相稳定性和氦气对每个微观结构组件的影响。

然而,尽管它很有希望,计算材料科学仍然是一座正在建设中的“房子”,因为目前科学研究的范围是有限的。理论和建模可用于加深对已知关键物理现象的理解,计算机实验可以,并且已经用于识别新的现象和机理并帮助合金设计。然而,在可预见的未来,这门学科是否足够成熟为预测关键材料的特性或远远超出可用验证数据库的外推提供严格的科学基础,这是值得怀疑的。

即使科学问题似乎已经得到充分回答,但依然存在两个问题,这就是许可证发放和资本投资。即使对特定合金在 GEN-Ⅳ或聚变环境中按需要发挥作用具有高度的科学信心,也不一定可以转化成反应堆许可证发放或资本市场的认可。就设计数据要求而言,用于反应堆许可证发放的理念、规范和标准是适当保守的。

美国核管理委员会的经验表明,只有得到相关原型数据有力支持的建模结果才会对许可过程产生影响。同样,预计只有在高度相信发电厂运行时间足够长且安全地收回投资的情况下，才能获得建设核聚变发电厂所需规模的投资(数十亿美元)。

后两个问题似乎表明，聚变能的商业化最终将需要一个能够在基本原型条件下(即具有约 14 MeV 中子)产生足够(如果有限)设计数据体的实验设施。积极的理论和建模工作将减少开发可在 DT 聚变反应堆环境中运行的先进材料所需的时间与实验投资。例如，设计数据的数量可能会减少到在临界暴露条件下确认关键材料的模型预测所需的数量。这将包括预期寿命末剂量的很大一部分数据，由此提出了何时需要此类实验设施的问题。建造复杂设施的提前期很长，再加上几年辐照才能达到最高剂量，这意味着建造任何聚变相关辐照设施的决定必须在需要设计数据之前的 10 年左右做出。

两个相关的研究领域可以作为获得模型预测的实验验证的需求的参考点。通过从加速战略计算计划(accelerated strategic computing initiative, ASCI)中吸取的教训，在此类研究的研讨会上人们强调了程序验证的重要性。

由于在这些先进核能系统中应用结构材料面临重大挑战，美国能源部科学办公室与核能、科学和技术办公室召开了先进计算材料科学研讨会：聚变和第四代裂变反应堆的应用，确保这些计划资助的研究充分利用计算科学的最新进展和该部门对计算设施的投资。特别地，研讨会的参与者被要求做到以下两点。

(1)研究高端计算在预测未来 GEN-Ⅳ裂变和聚变反应堆环境所需的先进结构材料的全谱辐射、温度与机械载荷条件下的行为方面的作用。

(2)评估经过实验验证的计算建模和模拟的潜力，以弥合支持这些先进核技术设计所需的数据与在当前可用辐照设施中可以合理获得的现有数据库和数据之间的差距。

与先进聚变反应堆的要求一样，需要开发能够在 GEN-Ⅳ预期的恶劣环境中运行的材料，这是材料科学的重大挑战。有一系列潜在的 GEN-Ⅳ裂变反应堆设计概念，每个概念都有其独特的需求。提高经济性能是 GEN-Ⅳ设计的主要目标。因此，大多数设计要求比当前一代轻水堆高得多的工作温度以获得更高的热效率。在许多情况下，所需的工作温度排除了如今使用的结构合金。与下一代核电站相关的非常高的工作温度(高达 1 000 ℃)，是开发需要新结构材料的有吸引力的新系统的典型例子。

前面所提的 GEN-Ⅳ裂变反应堆的工作温度、中子暴露水平和热机械应力是材料科学家与工程师面临的巨大技术挑战。此外，在这一代核动力反应堆中产生的高能中子在结构材料中产生的嬗变产物可以深刻影响这些材料的微观结构演变和力学行为。

2.19 GEN-Ⅳ材料的类型

2004 年 3 月，美国能源部研讨会提出的材料类型见表 2.5。

表 2.5 美国能源部研讨会提出的材料类型

系统	结构材料						
	铁素体-马氏体不锈钢合金	奥氏体不锈钢合金	氧化物弥散强化钢	镍基合金	石墨	耐火合金	陶瓷
气冷快堆	P	P	P	P	—	P	P

表 2.5(续)

系统	结构材料						
	铁素体-马氏体不锈钢合金	奥氏体不锈钢合金	氧化物弥散强化钢	镍基合金	石墨	耐火合金	陶瓷
铅冷快堆	P	P	S	—	—	S	S
熔盐堆	—	—	—	P	P	S	S
钠冷快堆	P	P	P	—	—	—	—
超临界水冷堆-热中子	P	P	S	S	—	—	—
超临界水冷堆-快中子	P	P	S	S	—	—	—
超高温反应堆	S	—	—	P	P	S	P

2.20 GEN-Ⅳ材料的挑战

本节概述了下一代核电站所面临的挑战。

1.更高温度/更大温度范围

(1)例子

①超高温反应堆冷却剂出口温度接近 1 000 ℃。

②气冷快堆瞬态温度达到 1 600~1 800 ℃,堆芯进出口温差约为 400 ℃。

③铅冷快堆稳态出口温度为 800 ℃。

(2)问题

①蠕变。

②疲劳。

③韧性。

④腐蚀/应力腐蚀开裂。

我们必须推动建模朝着在很广的温度范围内预测复杂合金材料性能的方向发展。

2.高辐射剂量

(1)例子

①铅冷快堆、钠冷快堆包壳。

②超临界水冷堆堆芯容器。

③气冷快堆矩阵。

(2)问题

①肿胀。

②蠕变、应力松弛。

我们必须推动建模朝着在大辐射剂量下预测复杂合金材料性能的方向发展。

3.独特的化学环境

(1)例子

①Pb 和 Pb−Bi 共晶。

②超临界水。

③气冷系统中的高温氧化。

④熔盐。

(2)问题

①腐蚀。

②应力腐蚀开裂/辐照应力腐蚀开裂。

③液态金属脆化。

我们必须推动建模朝着在大辐射剂量下预测复杂合金的化学相互作用的方向发展。

2.21 GEN−Ⅳ材料的基本问题

我们应在复杂的系统科学中研究微观结构的所有组分的共同演化及其在宏观响应中的作用,如膨胀、各向异性生长、辐照蠕变和辐射诱导相变等方面,如图 2.25 所示。

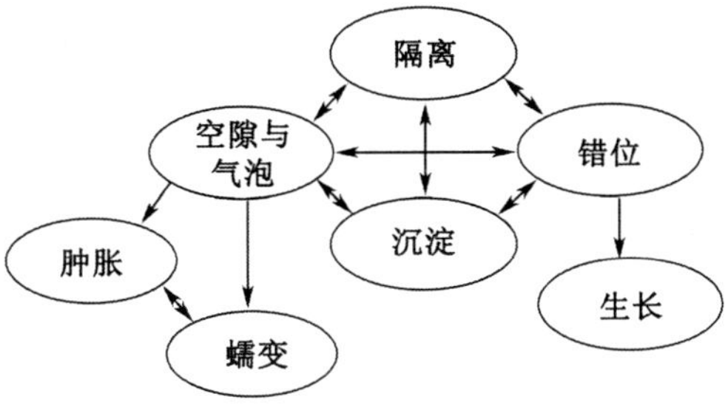

图 2.25 材料基本问题流程图

综上所述,我们可以得出以下结论。

(1)已经确定了有可能实现 GEN−Ⅳ目标的 6 个概念。

(2)在比当前轻水堆更具挑战性的环境中运行的概念,任何 GEN−Ⅳ系统的可行性都必须应对材料开发挑战。

(3)实验计划不能涵盖提出的 GEN−Ⅳ设计的材料和辐照条件的广度。

(4)建模和微观结构分析可以为根据不完整的实验数据库进行的材料选择提供依据,并且需要大量判断才能进行必要的内插和外推。

参考文献

[1] Scientific American. 2007. *Oil and the Future of Energy*. New York: The Lyons Press.

[2] An Interdisciplinary MIT Study. The Future of Nuclear Power, MIT, ISBN 0-615-12420-8, 2003.

[3] The US NRC requirement for calculated Core Damage Frequency (CDF) is 1×10^{-4}, most current US plants have about 5×10^{-5} and Generation Ⅲ plants are about ten times better than this. The IAEA safety

target for future plants is 1×10^{-5}. Calculated large release frequency (for radioactivity) is generally about ten times less than CDF.

[4] Traditional reactor safety systems are 'active' in the sense that they involve electrical or mechanical operation on command. Some engineered systems operate passively, e.g. pressure relief valves. They function without operator control and despite any loss of auxiliary power. Both require parallel redundant systems. Inherent or full passive safety depends only on physical phenomena such as convection, gravity or resistance to high temperatures, not on functioning of engineered components, but these terms are not properly used to characterize whole reactors.

[5] Zohuri, B., and P. McDaniel. 2017. *Combined Cycle Driven Efficiency for Next Generation Nuclear Power Plants: An Innovative Design Approach.* Cham: Springer Publishing Company.

[6] Zohuri, B. 2018. *Small Modular Reactors as Renewable Energy Sources.* Cham: Springer Publishing Company.

[7] ———. 2018. *Hydrogen Energy: Challenges and Solutions for a Cleaner Future.* Cham: Springer Publishing Company.

第3章 先进小型模块化反应堆的经济性

未来几年将影响美国核电行业的经济发展包括新核技术的出现、废物处理问题、扩散问题、核监管的精简、向氢经济的合理过渡、国家能源安全政策和环境政策等。这些发展将影响核电的竞争力和制定适当的核能政策。

3.1 介　　绍

在过去的20年里,全球新核反应堆的订单急剧下降,尤其是德国等国家已完全关闭核电站发电,同时转向燃煤发电厂以补贴其电力需求。经济状况不佳是促使各国远离核电的另一个驱动因素和力量[12]。

迄今为止,商业/民用核工业已经运行了50多年。在这么长的时间里,对于新一代的GEN-Ⅳ来说,技术改进周期、经验反馈继而提高经济效益将是正常和自然的过程。然而,核工业并没有遵循这种模式,除了在过去几年中,我们开始看到该领域的一些专家提出了一些创新方法,特别是在先进小型模块化反应堆方面,包括这些学者[13-14]。

下面列出了驱动核电经济学功能的变量的相关元素。

1.建设成本上升

一个又一个国家都面临着核电建设计划大大超出预算的情况。在美国,对国内75个反应堆的评估预测成本高达450亿美元;然而,实际成本几乎增加了2倍多,达到1 450亿美元左右。在印度等一些国家,10个反应堆的完工成本平均至少超出预算300%。图3.1为时间轴成本超支历史记录。

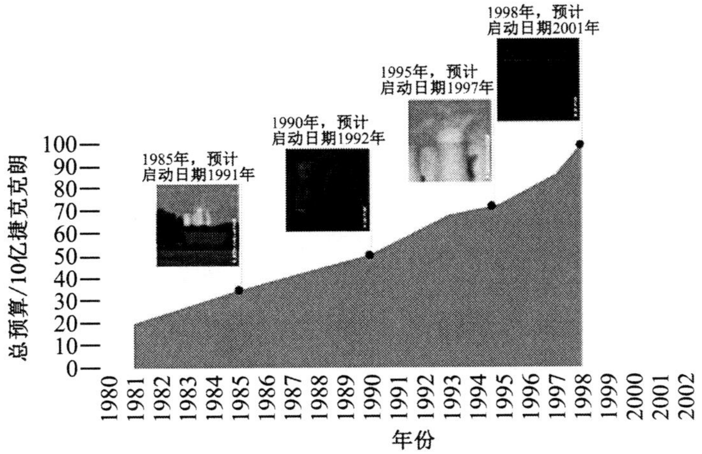

图3.1　时间轴成本超支历史记录

2.施工时间增加

核电站的平均建设时间从 20 世纪 70 年代中期的端到端竣工的 66 个月增加到近 116 个月,大致相当于 1995—2000 年类似竣工项目的 10 年时间。

3.建筑需求下降

图 3.2 显示了截至 2018 年 2 月的全球在建核反应堆数量(按国家分列)。中国有 18 个在建的核反应堆,而美国目前在建的只有 2 个。

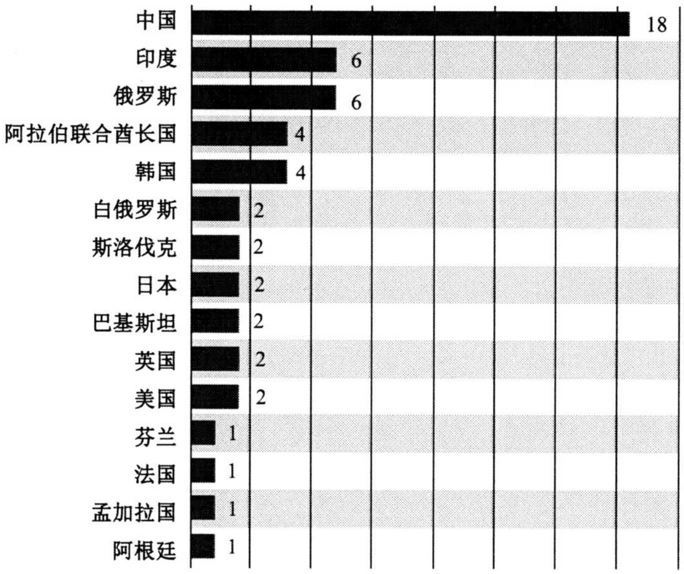

图 3.2　截至 2018 年 2 月的全球在建核反应堆数量(按国家分列)

其中 5 个反应堆的设计始于 20 多年前,因此这些反应堆按当前时间表建造的可能性值得商榷。

另有 14 个反应堆已经开工,但目前处于停工状态,其中 10 个位于中欧和东欧。这种低水平的核建设几乎没有提供相关经验来建立对成本预测的信心[12]。

4.未经测试的技术

核工业正在推广新一代反应堆(GEN-Ⅲ和 GEN-Ⅲ+),并希望在未来几年内能收到一批订单。此外,至少在设计阶段,一些核制造商正在研究 6 种不同类型的 GEN-Ⅳ(见本书第2.12 节),表 3.1 也简要列出了这些类型。其中被认为是先进小型模块化反应堆的如下,它们也是本书的重点。

(1) 熔盐堆系统。

(2) 钠冷快堆系统。

(3) 超高温反应堆系统。

目前的核技术是基于 GEN-Ⅲ并随着 GEN-Ⅲ+的建立而向前发展,这里对每个技术进行了如下描述。

表 3.1 6 种不同类型的 GEN-Ⅳ

气冷快堆:该系统是一个具有快中子谱和闭式燃料循环的氦冷反应堆。由于极端温度(出口温度为 850 ℃,相比之下,压水堆为 300 ℃,快中子增值反应堆为 500 ℃),它使用氦作为冷却剂。因此,“高温和极端辐射条件是燃料与材料面临的艰巨挑战”。它将使用钚作为燃料,并燃烧锕系元素
铅冷快堆:该系统是由液态金属(铅或铅/铋)冷却的反应堆,具有快中子谱和闭式燃料循环系统。设想采用具有中央或区域设施的完整锕系元素再循环燃料循环。规划采用多种机组尺寸,从 50~150 MW(e)的“电池”和 300~400 MW(e)的模块化机组,到 1 200 MW(e)的大型单一核电站。其电池方案是一个小型工厂制造的一站式工厂,具有很长的堆芯寿期(10~30 年)。它专为小型电网和可能不希望部署燃料循环基础设施的发展中国家而设计的。在铅冷快堆概念中,关于实现 GEN-Ⅳ目标,这种电池方案被认为是最好的。但是,它也有较大的研究需求和较长的开发时间
熔盐堆:该系统基于热中子谱和闭式燃料循环。铀燃料溶解在通过石墨堆芯通道循环的氟化钠盐冷却剂中。直接在熔盐中产生的热量被传递到二级冷却剂系统中,然后通过三级热交换器到达能量转换系统。它主要用于电力生产和废物燃烧。参考发电厂的功率水平为 1 000 MW(e)。在非常低的压力下,冷却剂温度为 700 ℃。在所有 6 个反应堆系统中,熔盐堆需要最高的开发成本(10 亿美元)
超临界水冷堆:该系统是高温、高压水冷反应堆,在水的热力学临界点以上运行(即在液相和气相之间没有差异的压力与温度下)。参考发电厂的功率水平为 1 700 MW(e),运行压力为 25 MPa,反应堆出口温度为 550 ℃, 燃料是氧化铀
钠冷快堆:该系统由快中子堆和闭式燃料循环系统组成。其有两种主要方案:一种是采用金属合金燃料的中型[150~500 MW(e)]反应堆,由基于并置设施中火法冶金后处理的燃料循环支持;第二种是使用钚铀氧化物混合(mixed oxide, MOX)燃料的大中型[500~1500 MW(e)]反应堆,由基于先进水后处理的燃料循环支持,在一个集中位置为多个反应堆服务。根据 GIF,钠冷快堆拥有所有 GEN-Ⅳ概念中最广泛的开发基础
超高温反应堆:该系统使用热中子谱和单程铀燃料循环。参考反应堆概念具有 600 MW(t)·h 石墨慢化氦冷却堆芯,其基于燃气轮机-模块化氦冷反应堆(gas turbine-modular helium reactor, GT-MHR)的棱柱块燃料或球床模块化反应堆(pebble-bed modular reactor, PBMR)的球床

GEN-Ⅲ:目前唯一在运行的 GEN-Ⅲ是日本开发的先进沸水堆(advanced boiling water reactor, ABWR)。到 2006 年底,中国台湾已有 4 个先进的沸水堆服役,2 个在建。前 2 个单位的总建设成本远高于预测范围。

GEN-Ⅲ+:GEN-Ⅲ+尚未建成,只有 1 个在建。这些设计中推广最广泛的是新一代压水堆,尤其是 Areva 的欧洲压水堆和西屋电气公司的 AP1000。

GEN-Ⅳ:更具思索性的是 GEN-Ⅳ钚燃料反应堆的“纸面”设计。虽然正在生产几种设计,但技术上的困难使得它们在至少 20 年内不太可能被部署(如果有的话),同时燃料后处理的经济性也仍未得到证实。

5.不利的市场

核电的经济效益一直存疑。消费者或政府历来承担投资核电站的风险,这一事实意味着公用事业公司免受这些风险的影响,并且能够以反映投资者和贷款方风险降低的利率借款。

然而,随着许多国家引入竞争性电力市场,发电厂成本高于预测价格的风险转移到发电厂开发商身上,这些开发商受到银行、股东、信贷评级机构等金融机构的制约。这些组织认为,投资任何类型的发电厂都是有风险的,从而将资本成本提高到核电不太可能参与竞争的水平。

这种向竞争性电力市场转移的逻辑是,发电厂开发商拥有更好的信息,可以直接控制管理,因此拥有控制成本的手段和动力。非核电站的建造者愿意承担这些风险,能效服务的供应商也是如此。因此,当消费者不再承担新发电厂建设的经济风险时,核电将不具竞争力的高价格、可靠性差和成本超支的严重风险相结合,在那些转向竞争性电力采购的国家中就没有机会了。

然而,这个问题不再是一个令人担忧的风险,随着 GEN-Ⅳ小型模块化反应堆的发展,由于每个模块的模块化建设和安装作为发电厂设施的第一要素,并且当电力需求上升时,安装模块的数量相应地增加。

6.不可靠的预测

近年来,有许多关于核电经济的研究。用于生成预测核电成本的关键参数值因研究而异。例如,假设建设成本为 856~3 600 美元/kW,建设时间为 60~120 个月。因此,由此产生的电力价格也有很大差异,产生的价格为 21~76 美元/(MW·h)。

7.需要补贴

现在距美国上一次计划建造新核电站已过去 29 年,距最后一次计划的实际完工的核电站已过去 34 年。20 世纪 80 年代,由于经济监管机构越来越不愿意将核项目的巨额超支成本转嫁给消费者,公用事业公司遭受了重大损失,从而迫使公用事业公司承担额外的成本。电力市场的引入意味着发电厂所有者现在不仅面临成本超支的风险,而且还面临发电厂不可靠的风险。美国《2005 年国家能源政策法案》中的核条款旨在扭转这些变化并保护投资者免受巨大的经济风险。

《2005 年国家能源政策法案》中最重要的核条款提供了如下 3 种类型的支持。

(1)部分新核电站可以获得 18 美元/(MW·h)(13.7 欧元)的生产税收减免,每 1 000 MW可获得最高 1.25 亿美元的生产税收减免(或者说,如果它在 100% 的时间内运行,则约为该发电厂可以获得的收入的 80%)。

(2)联邦贷款担保准备金,最多可覆盖项目成本的 80%。

(3)前两个机组的风险保险高达 5 亿美元,3~6 机组的风险保险高达 2.5 亿美元。如果不是被许可人的过错而导致发电厂建设许可的延误,则应支付此保险费。

据说这些补贴的价值为 2~20 美元/(MW·h)。如果没有这些补贴,任何美国公司都不太可能考虑投资新建核电站。政府财政或合同担保将有效地将核电从市场上撤出,以便像过去一样由电力消费者和纳税人支付费用。如果要以这种方式补贴核电,则需要有明确且令人信服的证据表明这是使用纳税人和电力消费者资金的一种具有成本效益且值得的方式。

作为核电成本技术前景和现状的一部分,自 20 世纪 70 年代以来,除核电之外,所有技术的能源生产和使用成本都随着制造与使用的创新及规模经济而系统地下降。

核电学习率相对较低的原因有很多,包括 20 世纪 70 年代后反应堆订购率相对较低、核电站的复杂性与监管和政治程序之间的接口,以及部署的多种设计。虽然其中一些因素在未来可能会被克服,例如,英国政府的绩效和创新部门也强调了一些未来的核电站可能无法表现出与其他技术相当的学习率的领域,内容如下。

(1)核电是一项相对成熟的技术,因此与其他技术相比,发生戏剧性“技术延伸”的可能性较小。

(2)建造和调试的相对较长的交付周期意味着通过反馈来自第一台机组的运行与设计经验的信息而获得的改进必然很慢。

(3)核能的规模经济范围小于可再生能源,因为后者的初始规模较小,潜在应用范围更广。

图 3.3 描述了所选能源技术的学习率。

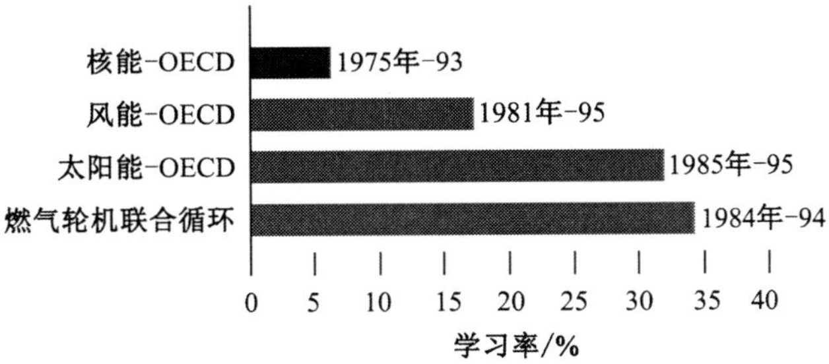

图 3.3 所选能源技术的学习率(由 McDonald 和 Schrattenholzer 提供)

更详细的信息,见本章末尾的参考文献[12]。

8.核复兴或衰落

目前在建的发电厂清单(图 3.4)很简短。22 台设备中的 16 台由来自中国、俄罗斯和印度的供应商提供。西欧或北美似乎不太可能考虑这些供应商中的任何一家,如果全球核能复兴,这些市场将需要新订单。印度的大部分发电厂主要基于 20 世纪 60 年代的加拿大设计,但在加拿大早已被取代。中国可能继续将国内作为主要供应市场,但也会向巴基斯坦出口少量产品。

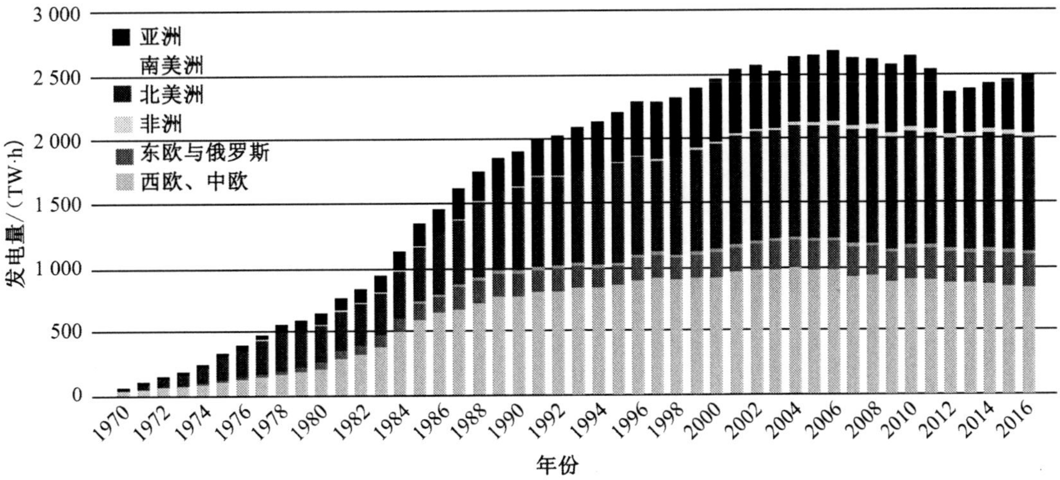

图 3.4 新核电装机并网(由世界核协会、国际原子能机构反应堆信息服务提供)

从图 3.4 中可以看出,世界上大约 11%的电力是由大约 450 个核反应堆产生的。大约还有 60 个反应堆正在建设中,相当于现有容量的 16%,而另外 150~160 个正在计划中,相当于现有容量的近一半。

2016 年,核电站提供了 2 477 TW · h 的电力,高于 2015 年的 2 441 TW · h。这是全球核电发电连续第四年增长,产量比 2012 年高出 130 TW · h。

图 3.5 显示了 2017 年世界电力生产来源。

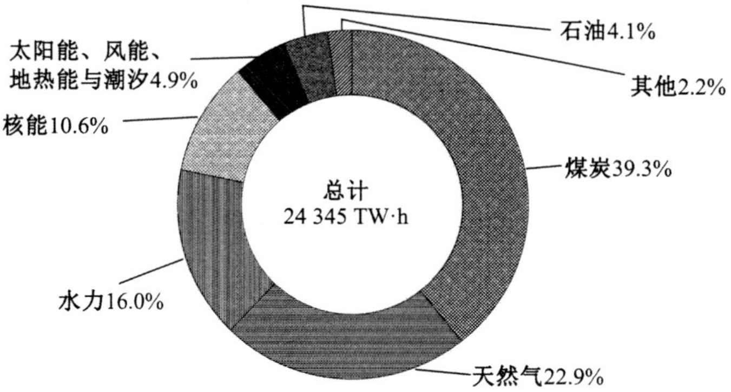

图 3.5　2017 年世界电力生产来源(由国际能源署提供)

一些国家至少有 1/4 的电力依赖核电。法国大约 3/4 的电力来自核电;匈牙利、斯洛伐克和乌克兰的电力有一半以上来自核电;比利时、捷克、芬兰、瑞典、瑞士和斯洛文尼亚的核能发电占总电力的 1/3 或更多;韩国和保加利亚通常 30% 以上的电力来自核电;美国、英国、西班牙、罗马尼亚和俄罗斯大约 1/5 的电力来自核电;日本过去 1/4 以上的电力依赖核电,预计将恢复到接近这一水平(图 3.6)。

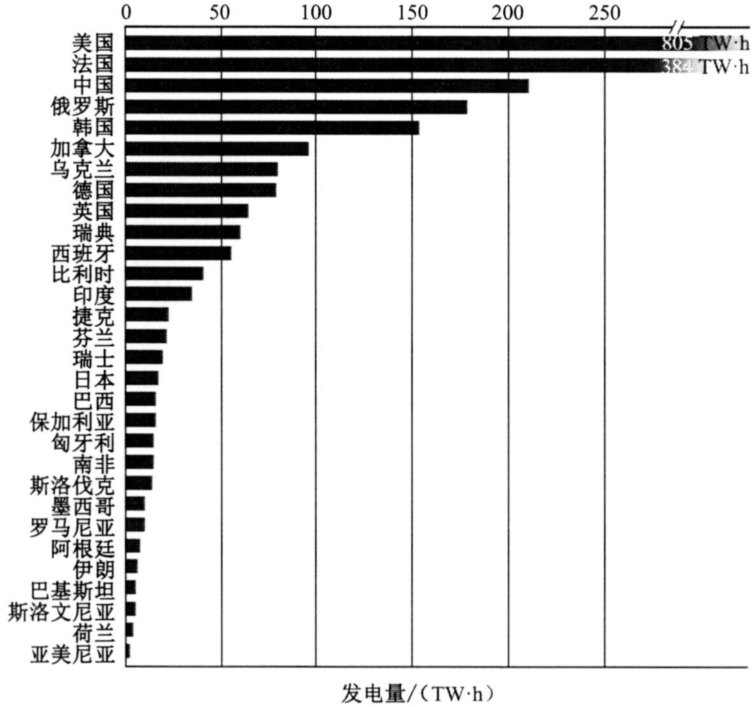

图 3.6　2016 年各国核电发电量(由国际原子能机构反应堆信息服务提供)

3.2 提高现有反应堆的性能

随着时间的推移,核反应堆的性能得到了显著提高。在过去的 40 年中,达到高容量系数的反应堆的比例显著增加。例如,2016 年有 64%的反应堆容量系数高于 80%,而 1976 年为 24%;而 2016 年只有 8%的反应堆容量系数低于 50%,而 1976 年为 22%。

值得注意的是,在过去 10 年中,反应堆的中位容量系数没有与年龄相关的显著趋势(图 3.7 和图 3.8)。

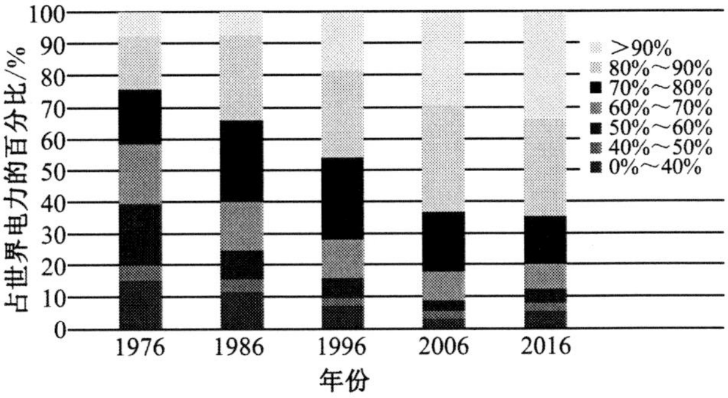

图 3.7 容量因子的长期趋势(由世界核协会、国际原子能机构反应堆信息服务提供)

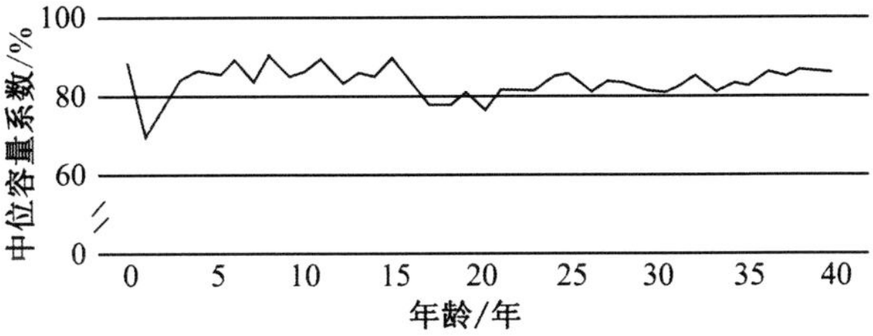

图 3.8 2007—2016 年按反应堆年龄划分的中位容量系数
(由世界核协会、国际原子能机构反应堆信息服务提供)

除了商用核电站外,还有大约 225 个研究反应堆在 50 个国家运行,其中更多在建。这些反应堆也用于研究和培训、生产医疗和工业同位素。

核反应堆在海洋推进领域的应用主要为海军军事装备,50 年来,它发挥了重要作用,为潜艇和大型水面舰艇提供动力。至少有 140 艘船,主要是潜艇,由大约 180 个核反应堆驱动,并且已经获得了超过 13 000 年的船用反应堆经验。俄罗斯和美国已经退役了许多“冷战”时期的核潜艇。

俄罗斯还运营着一支由 4 艘大型核动力破冰船组成的船队,还有 3 艘正在建造中。它还正在完成 1 个带有 2 个 40 MW 反应堆的浮动核电站,这些反应堆由为偏远地区提供动力的破冰船改装而成。

正如我们已经提到的如下内容。

(1)世界范围内的核电容量正在稳步增加,大约有 50 个反应堆在建。

(2)大多数已订购或计划中的反应堆位于亚洲地区,但俄罗斯也有新建机组的重大计划。

(3)正在升级发电厂以创造更大的产能。

(4)发电厂寿命延长计划正在维持产能,尤其是在美国。

现在,大约有 440 个核动力反应堆在 30 个国家运行,总容量超过 390 GW。2015 年,它们提供了 25 710 亿 kW·h 的电力,约占世界电力的 11%。

3.3 对新一代容量的需求

显然,世界各地需要新的发电方式,以取代旧的化石燃料机组,特别是排放大量二氧化碳的燃煤机组,从而满足多数国家对电力日益增长的需求。2015 年,66.0% 的电力来自化石燃料的燃烧。尽管近年来间歇性可再生能源得到了大力支持和增长,但化石燃料对发电的贡献在过去 10 年中几乎保持不变(2005 年为 66.5%)。

经济合作与发展组织的国际能源署每年都会发布与能源相关的情况。在其《2017 年世界能源展望》[2]中有一个雄心勃勃的"可持续发展方案",这与提供清洁可靠的能源和减少空气污染等目标相一致。在这种脱碳背景中,到 2040 年,核电发电量将增加 1 倍以上,增至 5 345 TW·h,容量增至 720 GW。世界核协会提出了一个比这更雄心勃勃的方案——"和谐"计划,提出到 2050 年增加 1 000 GW 的新核电容量,由 1 250 GW 的容量(允许150 GW退休之后)提供 25%的电力(10 000 TW·h)。这将需要从 2021 年起每年增加25 GW,逐步增加到每年33 GW,这与 1984 年增加的 31 GW 或 20 世纪 80 年代的 201 GW 的总体记录没有太大区别。通过核能提供世界 1/4 的电力将大大减少二氧化碳的排放,并有助于改善空气质量。

3.4 核电站新曙光

GEN-Ⅳ 是通向新的乐观主义的"大门",它引发了核电站以及一些政治领域对核电未来的关注,从而恢复了对钚燃料反应堆的研究,这些反应堆现在被归类为 GEN-Ⅳ 设计。

以开发 GEN-Ⅳ的两个国际研究计划正在进行中,一个由美国于 2000 年发起的 GIF,另一个由国际原子能机构发起的"创新型核反应堆和燃料循环国际项目"。全球核工业都意识到铀储量相对有限,从中长期来看,需要开发另一种更节约使用铀的反应堆设计。根据 GIF,闭式燃料循环被认为是 GEN-Ⅳ概念的一个主要优势,因为他们认为"从长远来看,超过 50 年后,铀资源的可用性也成为一个限制因素,除非在采矿或提取方面的技术取得突破性进展"。钚的使用和闭式燃料循环显著增加了可以从铀原子中获得的潜在能源,因此在理论上增加了资源的寿命。这是在 20 世纪 70 年代和 80 年代积极推广快增殖反应堆时采用的逻辑。然而,核订单的暴跌、铀资源供应的增加,以及快增殖反应堆及后处理技术和经济问题,导致俄罗斯仅继续部署 1 个反应堆用于发电。

GEN-Ⅳ的开发有 6 个概念,它们已被选择在 GIF 框架中进一步开发。其中 4 个概念使用钚燃料(表 3.1)。

小型模块化反应堆为新的核反应堆建造提供了简单、标准化和安全的模块化设计。它们是工厂建造的,需要较小的初始资本投资并有助于缩短施工时间。与当前的反应堆相比,小型模块化反应堆的经济性具有很强的竞争力。大多数项目的建设成本(大多处于设计阶段)不公开,但可变成本可以通过燃料浓缩、平均燃耗和电厂热效率确定,这些是许多近期小型模块化反应堆项目中的公共参数。我们模拟了选定小型模块化反应堆和大型反应堆发电的燃料成本,包括计算铀浓缩过程中的最佳尾料分析。

将这些结果与当前这一代大型反应堆设计进行比较,人们粗略地得到了新核反应堆项目的长期经济性。预计小型模块化反应堆的燃料成本高于大型反应堆。特别是,根据2014年核燃料市场数据,一体化式压水堆的燃料成本比大型轻水堆高15%~70%。

至少在美国,对新发电能力的需求只是估计,一个主要问题是新核电站的可行性,作为满足未来10年不断增长的电力需求的一种方式,应将重点放在基本负荷的电容量上。解决这一问题并影响核电的可取性和可行性的主要因素包括以下几点。

(1)废物处理问题仍有待解决。

(2)美国关于防扩散目标的政策将影响未来的燃料循环决策。

(3)监管简化有望减少发电厂建设时间,尤其是在建造情况下。

(4)从长远来看,从石油运输到氢运输的转变可能会增加对核电作为一种无污染制氢方式的需求[1]。

(5)如果天然气进口增加,从国家的角度来看,核能可以替代天然气并有助于能源安全。

任何核电项目,无论是旧的还是新的,都应该被视为政府和工业界的共同努力,特别是成本分摊方面,包括确定新核电站的选址;开发先进的核电站技术,如被称为GEN-Ⅳ的新一代核电站,以及评估建造新核电站的商业案例;展示未经测试的监管程序,特别是在先进小型模块化反应堆方面。

3.5 新一代核电站的技术差距

大多数GEN-Ⅳ目前仅存在于纸上。为了构建反应堆原型,必须在材料开发方面取得技术突破。这与材料承受GEN-Ⅳ设计所需的高温的能力有关。GIF规划报告说,对于铅冷快堆,550 ℃选项的系统和材料的开发存在差距,750~800 ℃选项作为先进小型模块化反应堆的一部分存在很大差距,其他反应堆设计也存在类似的情况。其他主要的潜在问题已经确定在材料和结构的能力上,以承受反应堆条件施加的预期腐蚀和应力开裂。

美国的一些核监管机构对新的反应堆概念并不看好。根据一位核监督机构的专员的说法,新的核电站应该在原有的基础上改进技术,而不是革命性的技术。专员告诫不要“过多的创新”,这会导致未经测试的设计出现新问题,并敦促业界不要“过度承诺”新反应堆系统的能力[16]。

不同机构对这些类型的反应堆何时投入运行提出了截然不同的看法。法国前总统希拉克表示,原型GEN-Ⅳ将在2020年部署,而美国总审计署的最新报告得出结论,该计划不太可能在2021年的最后期限内完成部署。许多评论员认为,鉴于技术障碍仍然存在,2030—2035年是一个现实的日程。

3.6 核能经济的未来

在没有针对核工业的联邦财政政策的情况下,可以围绕一个项目开发一个财务模型,首批上线的新核电站将采用平准化电力成本(levelized cost of electricity, LCOE),其运营和资本成本所需的价格为 47~71 美元/(MW·h)。这个价格范围超过了燃煤发电厂 33~41 美元和燃气发电厂 35~45 美元的预测。在支付了工程成本并完成最初几个核电站的建设后,有望实现更低的核电 LCOE,并且这些更低的成本将使核能在市场上具有竞争力。有助于提高早期核电站竞争力的联邦金融政策包括贷款担保、加速折旧、投资税收抵免和生产税收抵免。从长远来看,随着人们对化石燃料发电产生的温室气体排放的担忧日益加剧,核能的竞争力可能会进一步增强。

作为新核电站建设经济评估的一部分,新核电站的所有者需要完成监管任务,包括证明早期现场许可证(early site permit, ESP)和建设运营许可证(construction and operating license, COL)的合并流程,以减少许可的不确定性,并最大限度地降低被许可方的财务风险。

美国能源部主持下的核电项目未来将继续评估建设新核电的经济和商业案例,其中 GEN-Ⅳ正在取得进展,特别是先进小型模块化反应堆。该评估包括确定在何种经济条件下电力公司会因全国和全球人口增长驱动的电力需求,以及进入我们业务增长的新型行业的扩张而增加新的核电容量。2002 年 7 月,美国能源部发布了一份报告,即《美国新核电站的商业案例》,为联邦政府的援助提供了建议。美国能源部继续制定和评估战略,以减小与该报告中确定的新核电站开发相关的特定财务风险[2]。

作为美国能源部这项工作的一部分,电力公司已开始招揽启动新的核电站许可示范项目的合作方。在分摊成本的安排下,电力公司将开展研究、分析和其他必要活动,以选择小型模块化反应堆等先进反应堆技术,并准备针对特定地点、燃料循环、技术,以及建设和运营许可证的申请。到目前为止,美国能源部已收到与核管理委员会合作的几家公用事业财团和制造小型模块化反应堆公司的回复。

在这项努力和研究中,美国能源部还启动了与电力公司合作进行的核电站建设技术评估。该研究评估了核电站设计的时间安排和建造方法,随着电力需求的增加,极有可能在近期建造。

美国的经济发展将影响未来的核工业,其中包括新核技术的出现、关于核燃料处置的决定、扩散问题、监管改革、向氢经济的潜在过渡、国家能源安全政策和环境政策等。从长远来看,从石油运输到氢运输的成功过渡可能会增加对核能作为一种无污染制氢方式的需求[1]。

美国能源部目前支持先进核电站设计的研究,这些核电站可以生产氢气并提高核能的可持续性和防扩散能力,并有助于降低核能成本。美国能源部还支持新核反应堆设计的认证和早期厂址许可程序,这将有助于使新核电站的许可更具可预测性。这种可预测性有望通过减少建设和许可新核电站所需的时间来降低财务风险[3]。

3.7 新核能研究结果的经济性

鉴于所涉及的技术不确定性和时间尺度,关于 GEN-Ⅳ的经济性仍存在许多问题。

唯一基于以前商业反应堆的 GEN-Ⅳ设计是钠冷快堆。GIF 指出,钠冷快堆的一个关键性能问题是将成本降低到具有竞争力的水平。在(已知的)技术基础范围内,迄今为止建造的钠冷快堆都没有建造或运行的经济性[17]。

大多数 GEN-Ⅳ设计所需的燃料循环概念(使用后处理)的成本将非常高。根据美国马萨诸塞理工学院的《核能的未来》[15],尚未有令人信服的证据表明,涉及乏燃料后处理的先进闭式燃料循环的长期废物管理效益不会被短期风险和成本所抵消,包括扩散风险。此外,马萨诸塞理工学院的研究发现,闭式循环的燃料成本,包括废物储存和处置费用,约为单程循环成本的 4.5 倍。因此,期望同时克服成本、安全废物处理和扩散问题的新的反应堆与燃料循环技术在几十年内得到开发及部署(如果有的话)是不现实的。

下面列出了未来 10 年部署下一代核电站的经济性摘要。

1.未来 10 年部署核电站的经济学

(1)资本成本是决定核能经济竞争力的最重要因素。

(2)新核设计的首创工程(first-of-a-kind engineering, FOAKE)成本可能会使资本成本增加 35%,对核能的竞争力产生不利影响。

(3)为新核电站融资而支付给债券和股权持有人的风险溢价是影响核能经济竞争力的一个因素。对于最初的几个新核电站,预估债券和股票的 3%风险溢价是合适的。

(4)在没有联邦财政政策援助的情况下,预计未来 10 年内投产的新核电站的 LCOE 为 47~71 美元/(MW·h)。该研究为第一个核电站提供了全方位的 LCOE,包括备选建设期、发电厂寿命、容量因素和隔夜成本估算。燃煤和燃气发电厂的 LCOE 估计分别为 33~41 美元/(MW·h)与 35~45 美元/(MW·h)。

(5)在贷款担保、加速折旧、投资税收抵免和生产税收抵免等形式的帮助下,新建核电站可以变得更具竞争力,LCOE 达到 32~50 美元/(MW·h)。

2.部署下一代核电站的经济学

受益于最初几个核电站的经验,LCOE 预计将降至 31~46 美元/(MW·h)。这一水平不需要持续的财政援助。

3.未来温室气体政策

如果实施严格的温室政策,并且在碳捕获和封存方面的进展被证明不如预期有效,则燃煤发电厂的 LCOE 可能会上涨至 91 美元/(MW·h),而燃气发电厂的 LCOE 可能会上涨至 68 美元/(MW·h)。这些 LCOE 将充分保证核能的竞争力。

作为结论,我们可以说,从商业核能开始,廉价电力的承诺(臭名昭著的“电力太便宜而无法计量”)一直是核工业的主要主张之一。正如本节充分证明的那样,这种廉价电力的承诺很少得到遵守。核工业继续声称,从过去的错误中吸取的教训和新的、更具成本效益的设计相结合,这一次将实现廉价电力的承诺。

3.8 先进小型模块化反应堆与大型轻水堆所涉及的经济因素比较

从基本原理或可用的经济数据中,我们几乎不可能对一项新技术(如先进小型模块化反应堆)进行现实的成本估算。首先,我们必须展示技术并构建原型,然后才可以估计可能的成本和施工时间。遗憾的是,由于当前这一代轻水堆是在 20 世纪 60 年代、70 年代和 80 年代签订合同并建造的,因此这种方法通常是行不通的。美国国会预算办公室计算得出,1966—1977 年开工的 75 个核电站的实际成本介于其原始成本估算的 2~3 倍[18]。因此,与其试图提供详细的成本估算,不如比较建造先进小型模块化反应堆与大型轻水堆所涉及的活动。下面的内容摘自英格索兰的优秀著作和参考文献[18],并根据本书第 4 章中提出的空气-布雷顿系统进行了一些附加的比较。

1.规模经济

小型模块化反应堆受到的主要成本批评是它们没有达到轻水堆的规模经济。这个论点是基于这样一个概念,即所产生的功率与机器的体积成正比,而封闭和支撑机器所需的结构与封闭面积成正比。因此,随着尺寸的增加,表面积与体积的比例降低,并且设施的资本成本与封闭面积有关。因此,更大容量(和更大功率)的发电厂更具成本效益。在某种程度上,这是正确的,但实际情况并非如此简单。当然,大型轻水堆在这里应该具有优势。

2.制造

由于小型模块化反应堆较小且具有较小的组件,因此它们适合于工厂制造。较小的容器可以在较小的铸造厂建造,通常更快。现场施工和组装工作也将减少。由于工厂生产将涉及相同的劳动力,因此在生产成本方面存在一定的学习曲线经济效益。大多数 1 GW 轻水堆的设计和厂地特点都相当独特。其目标当然是为未来的轻水堆制定更多的标准,但这将比工厂制造的小型模块化反应堆更难。小型模块化反应堆应该在这方面获得低等到中等的优势。此外,本书第 4 章中描述的空气-布雷顿系统利用大型燃气轮机市场提供其能量转换系统。

3.按需匹配

如果美国的电力需求继续以预计的 1.2% 的速度增长,并且公用事业公司有能力以 5 年的建设时间为 1 GW 的发电厂提供资金,那么它需要 16.7 GW 的电力才能满足施工开始时的需求,并与施工结束时的新需求相等。在建设期间,它会损失相当于每年 60 GW 的收入。如果同一公用事业公司在此期间每年建造 5 个 200 MW 的发电厂,那么它只会损失相当于每年 12 GW 的收入。因此,如果持续建设较小的工厂,收入损失仅为 1/5。这是一个相当简单的模型,但它表明,快速构建比大型轻水堆容量更小的小型模块化反应堆可以提供更好的现金流,并且可以带来一些实际好处。当然,为了满足这种类型的生产,需要一条真正的工厂装配线。

4.可用性

在同一个厂址上有多个带有小型模块化反应堆的机组意味着停堆换料或其他维护将只会有一小部分功能处于离线状态。因此,维护人员的表现有可能出现“学习曲线”式地增加的情况将更频繁地发生。

5.设计简化

英格索兰在其书中指出,NuScale 电力公司的设计允许取消 15 个主要系统或组件,他们只添加了 1 个新系统。在本书第 4 章中描述的空气-布雷顿系统更简单。较小的系统还允许在非能动安全系统中进行更多设计,因为事故压力不大。

人们有强烈的动机相信先进小型模块化反应堆将比 1 GW 级 GEN-Ⅳ更具成本效益,但只有通过在商业环境中建造和测试它们才能评估真正的经济性。

3.9　美国总发电量占比:按发电类型分类

2017 年,美国的公用事业规模设施发电量约为 40 150 亿 kW · h[6]。其中,大约 63%的发电量来自化石燃料(煤、天然气、石油和其他气体),约 20%的发电量来自核能,约 17% 的发电量来自可再生能源。美国能源信息署估计,2017 年还有 240 亿 kW · h 的发电量来自小型太阳能光伏系统[7]。

美国的电力生产采用多种能源和技术,如图 3.9 所示。本节重点介绍由核能、燃煤和燃气技术提供的基本负荷电力。基本负荷电力是公用事业公司全年连续生产的电力,预计满足最低客户需求,而不考虑每日和季节性的波动。核能、煤炭和天然气是主要的基本负荷燃料替代品。不考虑可再生能源,因为它们被最小程度地用于满足基本负荷需求。虽然水力发电设施在美国某些地区提供基本负荷电力,但水力发电项目的主要机会已经被抓住。表 3.2 列出了按发电类型划分的美国总发电量。该分析综合了目前对影响核能经济可行性因素的理解,并估计了其在未来一系列情景下的可行性。

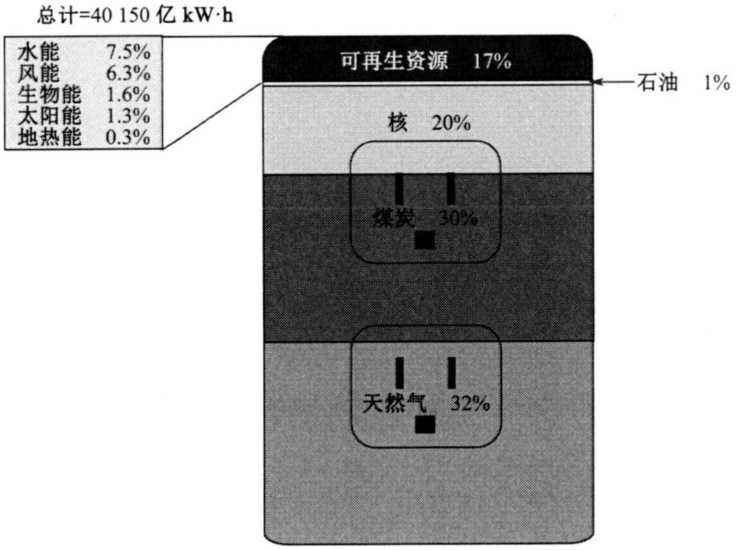

图 3.9　2017 年美国电力来源(公用事业规模设施发电)
(来源:美国能源信息署,电力月刊,2018 年 2 月,初步数据)

表 3.2 按发电类型划分的美国总发电量

2017 年美国按来源、数量和占比划分的发电量[1]		
能源类型	10 亿 kW·h	占比
总计(所有来源)	4 015	
化石燃料(总)	2 516	62.7%
天然气	1 273	31.7%
煤炭	1 208	30.1%
石油(总)	21	0.5%
石油液体	12	0.3%
石油焦	9	0.2%
其他气体	14	0.4%
核能	805	20.0%
可再生资源(总)	681	17.0%
水能	300	7.5%
风能	254	6.3%
生物能(总)	64	1.7%
林木	43	1.1%
垃圾填埋气	11	0.3%
城市固体废物(生物源)	7	0.2%
其他生物废弃物	3	0.1%
太阳能(总)	53	1.3%
光伏	50	1.2%
太阳能	3	0.1%
地热能	16	0.4%
抽水蓄能水力发电①	-6	-0.2%
其他	13	0.3%

注:①抽水蓄能水力发电是负数,因为大多数抽水蓄能发电设施每年消耗的电力超过其生产的电力。

美国使用许多不同的能源和技术来发电。能源和技术随着时间的推移发生了变化,有些比其他的使用得更多,如图 3.10 所示。

用于发电的三大能源是化石燃料(煤、天然气和石油)、核能和可再生能源。大多数电力是由蒸汽轮机(即一种将锅炉中产生的高压蒸汽转化为机械能的装置,然后可以通过迫使汽缸中的叶片旋转和转动发电机轴来发电)使用化石燃料、核能、生物质能、地热能和太阳能产生的。其他主要发电技术包括燃气轮机(即原动机为燃气轮机的发电厂。燃气轮机通常由轴流式空气压缩机和一个或多个燃烧液体或气体燃料的燃烧室组成。热气被传送到涡轮机,热气在其中膨胀后驱动发电机,然后用于驱动压缩机)、水力涡轮机、风力涡轮机和太阳能光伏。

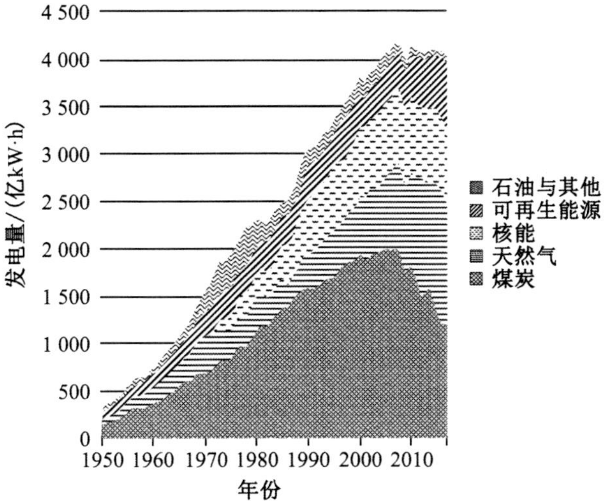

图 3.10 1950—2017 年美国主要能源发电量(公用事业规模设施发电)
(来源:美国能源信息署,每月能源评论,表 7.2a,2018 年 3 月,2017 年初步数据)

三大发电能源描述如下。

1.化石燃料是最大的发电能源

天然气是 2017 年美国发电的第一大能源,约占 31.7%。天然气被用于蒸汽轮机和燃气轮机发电。

煤炭是 2017 年美国发电的第二大能源,约占 30.1%。几乎所有的燃煤发电厂都使用蒸汽轮机。也有一些燃煤发电厂将煤转化为气体,用于燃气轮机发电。

2017 年,石油发电量不到美国总发电量的 1%。残余燃料油和石油焦被用于涡轮机发电。馏分油或柴油燃料油被用于柴油发电机。残余燃料油和馏分油也可以在燃气轮机中燃烧。

2.核能提供美国 1/5 的发电量

2017 年,核能发电量占美国总发电量的 20% 左右。核电站使用蒸汽轮机通过核裂变发电。

3.可再生能源提供了美国近 17% 的发电量

多种可再生能源用于发电,2017 年其发电量约占美国总发电量的 17%,如图 3.11 所示。

2017 年,水力发电量约占美国总发电量的 7.5%,约占可再生能源发电量的 44%。水力发电厂使用流动的水来推动连接到发电机的涡轮机旋转。

2017 年,风能发电量约占美国总发电量的 6.3%,约占可再生能源发电量的 37%。风力涡轮机将风能转化为电能。

2017 年,生物质能发电量约占美国总发电量的 1.6%。它直接在蒸汽装置中燃烧,或者转化为可在蒸汽发生器、燃气轮机或内燃机发电机中燃烧的气体。

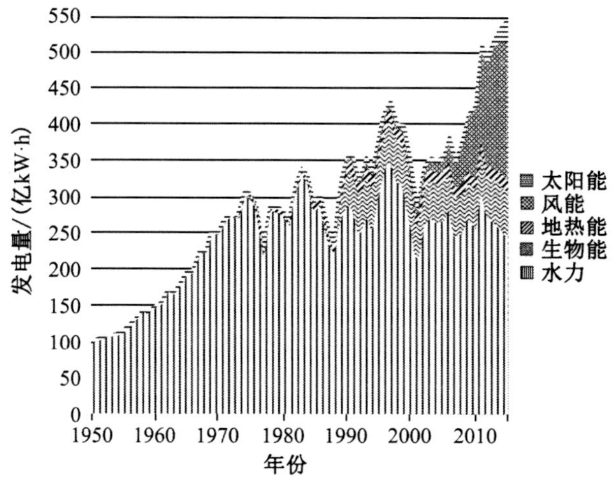

图 3.11　1950—2017 年美国可再生能源发电量(公用事业规模设施发电量。水电是传统的水电)
(来源:美国能源信息署,每月能源评论,表 7.2a,2018 年 3 月,2017 年初步数据)

2017 年,太阳能发电量约占美国总发电量的 1.3%。光伏发电和太阳能热发电是太阳能发电技术的两种主要类型。光伏转换是在光伏电池中直接将阳光转化为电能的过程。大多数太阳能热发电系统使用蒸汽轮机发电。

2017 年,地热能发电量不到美国总发电量的 1%。地热发电厂使用蒸汽轮机发电。

3.10　小型模块化反应堆和大型核反应堆的燃料成本比较

小型模块化反应堆为新的核反应堆建造提供了简单、标准化和安全的模块化设计。它们是工厂建造的,需要较小的初始资本投资并有助于缩短施工时间。与当前的反应堆机组相比,小型模块化反应堆还承诺具有竞争力的经济性。大多数项目的建设成本(大多处于设计阶段)不公开,但可变成本可以根据燃料浓缩、平均燃耗和工厂热效率确定,这些是许多近期小型模块化反应堆项目的公开参数。

人们模拟了选定小型模块化反应堆和大型核反应堆发电的燃料成本,包括计算铀浓缩过程中的最佳尾料分析。将结果与当前这一代大型核反应堆设计进行比较,人们粗略地得到了新核反应堆项目的长期经济性。预计小型模块化反应堆的燃料成本高于大型核反应堆。特别是,根据 2014 年核燃料市场数据,一体化式压水堆的燃料成本比大型轻水堆高 15%~70%。本节将介绍燃料成本对核反应堆设计参数的敏感性[4]。

截至 2013 年,由于全球人口的持续增长,全球有 60 多个核反应堆在建,用于发电以满足对此类能源的需求。在这 60 多个核反应堆建设项目中,只有 6 台机组被认为是额定功率小于 400 MW 的小型反应堆的一部分,其中 2 台是由俄罗斯在 30 MW 以下建造的,中国在建 2 100 MW 的机组,巴基斯坦在建 2 320 MW 的机组。

然而,除了上述这些国家外,在全球范围内,美洲、亚洲和欧洲的其他国家/地区的反应堆的设计人员都在采用新的创新技术方法和理念进行小型模块化反应堆设计,以降低建设初期的资本成本,满足这些小型模块化反应堆所有者的电力需求。然而,当对电力的需求得到满足,并且第一个反应堆的收入将满足更合适的场地和购买更多小型模块化反应堆所需的资金时,能够证明模块化地增加购买这些反应堆的合理性。

我们除了提供传统的大型反应堆设计外,还提供这些小型设计,以满足各种实用需求。两类核反应堆(小型模块化和大型)预计具有不同的隔夜成本、融资成本和可变成本,其中这些变量推动了总拥有成本,从而驱动最终所有者的公用事业公司的投资回报率。

小型核反应堆的想法最初是由美国海军推动的,他们在 1959 年左右建造了潜艇 SSN 571"鹦鹉螺"号(图 3.12 和图 3.13),作为第一艘水下核潜艇,因此需要通过按比例缩小现有大型核电站的反应堆来应用于海军反应堆。

图 3.12　SSN 571"鹦鹉螺"号的横截面

图 3.13　SSN 571"鹦鹉螺"号在巡逻中的图像

因此,当前小型模块化反应堆设计技术方法的灵感与早期的"鹦鹉螺"号潜艇和更现代的压水堆不同,其规模较小,适用于美国海军的现代潜艇舰队以及其他拥有这些级别潜艇的国家。

小型模块化反应堆的设计通常为一体式压水堆,它是船用压水堆、沸水堆、加压重水堆,以及气冷、液态金属冷却和各种非传统设计的衍生物。

通常,与大型轻水堆相比,小型模块化反应堆为公用事业公司提供了增加核发电能力的机会,而项目总成本更低。建设成本在任何核电项目的总成本中都占有重要地位。然而,建设成本摊销后,燃料、运营和维护成本推动了发电成本。换句话说,建设成本在短期和中期推动经济发展,但从长远来看,燃料成本很重要。规模经济倾向于以可变成本支持大型工厂而不是小型工厂。虽然与轻水堆相比,较小的小型模块化反应堆可以节省建设成本,但它们的可变发电成本并未公开报告。由于当前轻水堆的燃料与衍生自它们的几个小型模块化反应堆的燃料非常相似,因此可以直接比较这两个概念的燃料成本,从而比较两种反应堆类别的可变成本[4]。

要计算使用浓缩铀燃料的核电站中的燃料价格,必须知道用于制造燃料的浓缩铀的价格。这个价格取决于燃料的浓缩,这是一个反应堆设计参数。此外,需要3个市场参数来计算浓缩铀的价格:来自铀厂的 U_3O_8 的价格、U_3O_8 转化为气态 UF_6 进行浓缩的价格和分离工作单元(separative work unit, SWU)的价格。浓缩到一定水平所需的SWU的数量是执行浓缩所需的电能的量度。这3个成本都可以从铀咨询公司的铀价格指数中获得[5]。用于计算这种比较的方法可以在C.P. Pannier和R. Skoda的论文中找到更详细的信息[4],相比于当今的轻水堆与小型模块化反应堆,他们表明,小型模块化反应堆可能更容易获得许可并被公众更容易接受。

然而,一体化式压水堆和小型模块化反应堆的预测燃料成本比目前运行或在建的大型反应堆高15%~70%。其他研究表明,小型和大型核电站的固定建设成本具有相似的行为[6]。总之,小型模块化反应堆发电时燃料成本的预计范围表明,这些反应堆比当前的大型轻水堆更昂贵。

3.11 GEN-Ⅳ的资本成本

不同的能量转换系统(power conversion system, PCS)设计交易可能会对系统的资本成本产生重大影响。系统优化通常很复杂,例如,增加PCS成本可以提高循环效率,降低反应堆资本成本。GEN-Ⅳ经济建模工作组(Economic Modeling Working Group, EMWG, 2004)推荐了两种模拟经济成本建模的方法,一种基于类似系统的缩放和详细信息的自上而下的方法,另一种基于对所有建筑商品、工厂设备和工时进行详细核算的自下而上的方法。对于自上而下的方法,EMWG建议如下。

第一项任务是开发可以应用成本估算技术的参考设计。此任务的成本估算部分通常是通过考虑用于类似类型项目的设备成本,然后向上或向下按比例调整设备来完成的。例如,人们可能会通过扩展可提供详细估算的项目(例如,通用原子公司的高温气冷堆)中的反应堆设备来开始对超高温反应堆进行成本估算工作。

为了进行系统比较,采用自上而下的方法来估计对缩放相对资本成本很重要的PCS参数。

所选择的措施通常为系统成本估算提供输入,从而为系统方案的粗略比较提供基础。为了提供用于比较的近似基线,在可能的情况下,对GEN-Ⅱ和GEN-Ⅲ+轻水反应堆进行比较。图3.6显示了这种比较,量化了研究中考虑的参考系统的钢筋和混凝土输入。从图3.6中可以得出几个结论。例如,1 500 MW(e)非能动经济简化型沸水堆的输入略小于20世纪70年代的轻水堆,以及进化的环境计划要求。

但图3.14也表明,由于热力学效率和功率密度较高,可以建造高温气冷堆,例如,286 MW(e)燃气轮机-模块化氦冷反应堆,其建筑材料的投入比轻水堆少。这表明,利用高温气体动力循环技术,有可能打破大型轻水堆的经济规模化。这项研究还表明,高温、高效的气体循环功率转换可以适用于其他先进的反应堆系统。例如,高温、液冷、1 235 MW(e)先进高温反应堆-中温的更小的输入表明,高温反应堆可能存在规模经济。然而,高温反应堆的材料输入可能对设备设计选择和配置敏感,如图3.6中燃气轮机-模块化氦冷反应堆和球床模块化反应堆之间的差异所示。因此,在 PCS 的设计中,特别注意权衡设计显然很重要。

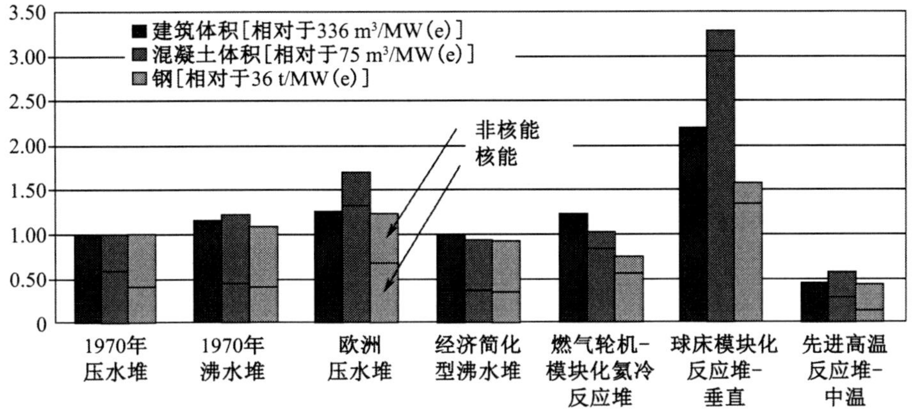

图 3.14 对于所考虑的参考高温反应堆和轻水堆系统,比较总建筑体积、总工厂钢材和混凝土的投入

(1)结构成本

①建筑体积 [m^3/MW(e)](核/非核)。

②混凝土体积 [m^3/MW(e)](核/非核)。

(2)反应堆与 PCS 成本

①反应堆功率密度 [m^3/MW(e)]。

②PCS 功率密度 [m^3/MW(e)](核/非核)。

③系统专用钢 [t/MW(e)](核/非核)。

④涡轮机械比容 [m^3/MW(e)]。

⑤系统特定的氦气 [kg/MW(e)](核/非核)[不可再生能源,与建筑体积(排污)相关]。

对于这些品质因数中的每一个,都估算了核电站的核部分和非核部分的值。该公司便会认识到采购和安装核级材料的成本差异。例如,对于混凝土和钢筋,核级材料的成本估计要高 65%,安装成本要高 30%。

1.联合循环性能的经济性和技术性

通过选择以下特征[8],可以在设计阶段提高联合循环发电厂的产量和效率。

(1)更高的蒸汽压力和温度。

(2)多种蒸汽压力等级。

(3)再加热循环。

如果需要峰值功率生产,则会考虑其他因素。它们包括通过注水或蒸汽或补充燃烧的热回收蒸汽发生器来增加燃气轮机功率。如果在炎热的夏季出现峰值功率需求,则应考虑燃气轮机入口蒸发冷却和冷却技术。燃料加热是另一种被用于提高联合循环装置效率的技术。

联合循环装置在高峰期产生超出其基本容量的额外电力的能力已成为重要的设计考

虑因素。在过去10年中,人们在夏季高峰时期需要支付发电的费用。高峰时段的电力成本可能比非高峰时段贵70倍。由于高峰时段的成本要高得多,发电厂的大部分盈利能力都可以由这些高峰时段的发电量来驱动。因此,能够在高峰时期产生大量电力的发电厂可以获得最高的利润。

2.经济评估技术

在最初的发电厂设计过程中,人们会仔细考虑发电厂的产量和效率,因为它们会影响电力成本、燃料成本、发电厂资本成本、资本成本和电力销售成本。这些因素将推动燃气轮机的选择以及联合循环运行中的底部循环设计。

随着燃料成本的增加,循环的选择通常包括更高的蒸汽压力、多种蒸汽压力等级、再热循环和更高的蒸汽温度。一旦做出了这些选择,其他因素就会得到解决。是否需要为产生的电力支付溢价来实现峰值电力生产呢?如果是这样,通过水或蒸汽注入或补充燃烧的热回收蒸汽发生器来增加燃气轮机功率可能是解决方案。是否会在炎热的天气(夏季用电)出现峰值电力需求呢?这可能表明某种形式的燃气轮机入口蒸发冷却或冷却技术的潜在好处[9]。

对于现有发电厂,我们还可以经济地改造一些性能增强方案,以提高功率输出和效率。虽然这项研究的主要重点是提高产量的选择,但提供了对燃气加热的简要讨论,这是一种用于提高联合循环装置效率的技术。

公用事业公司和独立发电商(independent power producer, IPP)在夏季高峰电力需求期间产生超出发电厂基本容量的额外电力的能力已成为联合循环装置配置设计中的一个重要考虑因素。近年来,美国的公用事业公司和IPP在夏季用电高峰期获得了发电能力的溢价。电价随年度运行小时数变化而变化很大。变化也高度依赖于区域。由于价格-持续时间的曲线急剧达到峰值,这意味着每年有几个小时以非常高的费率出现,发电厂的大部分盈利能力可能由可以在相对较短的时间内实现的高峰能源费率驱动。因此,可以经济地调度大量额外电力的发电厂可以实现最大的利润。

虽然在联合循环装置的设计和开发阶段应考虑当前的市场趋势,但对未来市场趋势和预期的预测同样重要,并且需要进行设计考虑。

新联合循环发电厂的开发商以及现有发电厂的所有者/运营商面临的主要挑战之一是发电厂收入流的优化。由于峰值能源费率和峰值需求持续时间不断增加,人们非常重视发电厂的设计,以最大限度地提高峰值发电能力,同时允许在非高峰电力需求期间以具有成本效益的方式高效运行发电厂。

面对当今市场,除了最大限度地提高发电厂盈利能力外,还必须考虑对未来市场趋势的预期。因此,目标是确定哪些性能增强方案或方案组合可以应用于新的或现有的联合循环发电厂,以在发电厂生命周期的基础上最大化发电厂的总利润。

除了极少数例外情况,在基本发电厂配置中增加功率增强技术将对基本负荷性能产生负面影响,从而在非高峰期对发电厂的净创收能力产生不利影响[10]。

一般而言,效率是非高峰发电期间的主要经济驱动因素,而容量在高峰电力需求期间主导经济评估。因此,开发一种既考虑非高峰时期的电力成本(cost of electricity, COE),又考虑峰值能源费率预期的经济模型非常重要。

在为各种功率增强替代方案建立基线峰值和非高峰期性能水平后,应用COE分析技术来确定能够提供最佳整体生命周期效益的替代方案。除了包括峰值和非峰值性能水平外,

COE 模型还包括年度峰值和非峰值运行时间的划分、为峰值发电能力支付的溢价、燃料成本、发电厂资本成本、增强措施的增量资本成本，以及运营和维护发电厂的成本。然后，该COE 模型可用于确定给定的功率增强替代方案对其中包含的经济参数的敏感性[10]。

大多数峰值功率增强机会存在于顶循环（燃气轮机）而不是底循环（热回收蒸汽发生器/蒸汽轮机）。一般来说，除了在热回收蒸汽发生器内的管道燃烧外，很少有独立的设计改进可以使一个已经完全优化的底循环，以实现最大的发电厂性能。然而，一般而言，由于燃气轮机排气能量的相关增加，燃气轮机的性能增强将带来底循环性能的增加[10]。

3.产量提升

发电厂产量提升的两大类：燃气轮机进气冷却；功率增加。

（1）燃气轮机进气冷却

以恒定速度运行的工业燃气轮机具有恒定的体积流量。由于空气的比容与温度成正比，因此较冷的空气具有较高的质量流量。它在涡轮机中产生更多的动力。较冷的空气也需要较少的能量来压缩到与较暖的空气相同的压力。因此，当进入的空气温度较低时，燃气轮机会产生更高的功率输出[11]。

对于电价在温暖月份上涨，燃气轮机进气冷却系统是一个不错的选择。它通过降低进入空气的温度来增加功率输出。在联合循环应用中，它还可以提高热效率。入口干球温度降低 10 ℉（5.6 ℃）通常会导致使用重型燃气轮机的联合循环装置的功率增加约 2.7%。简单循环燃气轮机的输出也增加相同的量。

图 3.15 显示，重型燃气轮机的燃气轮机入口干球温度降低 10 ℉（5.6 ℃）可将联合循环装置输出提高约 2.7%。实际变化在某种程度上取决于所使用的涡轮机冷凝器冷却方法。简单循环输出也提高了类似的百分比。

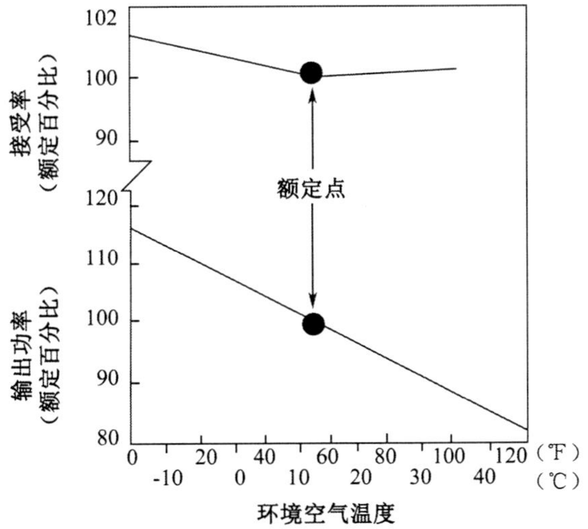

图 3.15 联合循环系统性能随环境空气温度的变化

有几种方法可用于降低燃气轮机入口温度。目前有两个基本系统可用于入口冷却。第一个也是最广为接受的系统即蒸发冷却。蒸发冷却器利用水的蒸发来降低燃气轮机的进气温度。第二个系统采用各种方式来冷却入口空气。在该系统中，冷却介质（通常是冷冻水)流经位于进气管中的热交换器,以排出进气中的热量。

蒸发冷却受湿球温度的限制。然而,冷却可以将入口空气冷却到低于湿球温度的温度,从而提供额外的输出,尽管成本要高得多。

根据燃烧和控制系统的不同,蒸发冷却可以减少氮氧化物的排放。然而,目前的干式低氮氧化物技术没有获得显著效果。这是另一个需要进一步分析和调查,以及科学界、国家实验室和行业之间合作的途径。

(2)功率增加

3 种基本方法可用于增加功率:注入水或蒸汽、热回收蒸汽发生器补充燃烧和峰值燃烧。

①燃气轮机注汽/注水。

②补燃式热回收蒸汽发生器。

③峰值燃烧。

这是通用电气公司建议的 3 种方法,它们需要核能制造商和参与使用联合循环技术提高核能能效的社区进行进一步研究[18]。

发电成本的其他方面通常以美元/(MW · h)或美分/(kW · h)表示,具体取决于以下参数[11]。

①项目的资本成本。

②燃料成本。

③运营和维护成本。

给定发电厂的每单位电力的资本成本取决于以下要素。

①投资成本。

②融资结构。

③利率和股本回报率。

④发电厂的负荷系数(或等效的利用时间)。

投资成本是以下的总和。

①发电厂合同价格。

②施工期间的利息(取决于施工时间)。

③项目实施的业主成本(项目经理、业主工程师、土地成本等)。

融资结构由融资的债务权益比率定义,股本回报率是投资者对其资本的预期回报。两者都与项目的风险有关。

负荷系数取决于发电厂预期的应用类型:基本负荷、中间负荷或峰值负荷运行,以及核电站的可用性和可靠性。

每单位电力的燃料成本与燃料的具体价格成正比,与装置的平均电力效率成反比。该平均电力效率不得与额定负荷下的电力效率混淆。它的定义如下:

$$\bar{\eta} = \eta \cdot \eta_{\mathrm{Oper}} \tag{3.1}$$

其中,η 是额定负荷下的电网效率(这是在新的清洁条件下,在额定负荷下转化为电能的燃料百分比);η_{Oper}是运行效率,它考虑了以下损失:

①启堆和停堆损耗。

②部分负荷运行的燃耗更高。

③设备老化和结垢。

3.12 核电站经济性总结

只有当投资者预计使用核能发电的成本将低于与替代发电技术相关的风险调整成本时,才会对商业核能发电设施进行投资。由于核电站具有相对较高的资本成本和非常低的边际运营成本,核能将与替代发电能源竞争"基本负荷"(高负荷系数)运行。我们认识到,在接下来的50年中,一些重要但不确定的增量电力供应将来自可再生能源(例如,风能),因为这些能源比替代能源成本更低,或者因为政府政策(例如,生产税收抵免、高强制购买价格和可再生能源组合标准)或消费者选择有利于可再生能源投资。然而,尽管努力促进可再生能源的选择,但在没有核能发电选择的情况下,未来50年平衡供需所需的发电能力增量和替代投资的很大一部分可能会依赖化石燃料——主要是天然气或煤炭。这在收入和电力消耗快速增长的发展中国家极有可能发生。因此,我们关注核电与基本负荷应用中的这些化石燃料发电替代品相比的成本[15]。

在竞争激烈的发电市场中,必须承担与获得建设和运营许可、建设成本和运营绩效相关的不确定性风险的是投资者而不是消费者[15]。虽然与电力未来市场价值不确定性相关的一些风险可以通过长期合同转移给电力营销商和消费者,但一些市场风险,以及所有建设成本、运营成本和性能风险将继续由发电厂投资者承担。因此,向竞争性电力市场体制的转变必然会导致投资者青睐于资本密集度较低和建设周期较短的投资,以及其他条件相同的情况(即过于简单化,这些影响可以被认为是面临的资本成本增加)。这也可能导致投资者青睐于对市场价格波动具有天然"对冲"能力的投资。例如,在美国批发市场倾向于以常规燃气或燃油发电厂的地区,现货市场结算价格将随着天然气和石油的价格上下波动。同样燃烧天然气的 CCGT,但其平均热耗率比出市的边际燃气发电厂低 35%[例如,11 000 BTU/(kW · h)],将始终低于市场结算价格。无论天然气的价格如何,CCGT 总是物有所值,并且在这种情况下运行是经济的。如果天然气价格上涨,CCGT 的利润会更高,如果价格下降,它的利润就会减少,但利润相对于天然气价格变化的波动性将低于煤炭或核电站。

请注意,美国和欧洲目前的电力重组与竞争状态使供应商难以获得他们生产的电力的远期合同。根据马萨诸塞理工学院报告[15],他们认为这种混乱局面是不可持续的,成熟的竞争性电力市场将使电力供应商与中介机构签订远期合同成为可能。

然而,这些合同通常不会像在监管下出现的30年合同那样,批发购买者(例如,市政公用事业公司)有义务支付发电厂的所有成本,以换取发电厂生产的任何电力。在竞争激烈的市场中,合同将针对特定价格(或价格公式)的特定交付义务,往往会更短(例如,5年合同组合),并将成本和运营性能风险交给发电机,而不是客户。

参考文献

[1] Zohuri, B. 2018. *Hydrogen Energy: Challenges and Solutions for a Cleaner Future.* 1st ed. Springer Publishing Company, New York, NY.

[2] U.S. Department of Energy (DOE). 2004. FY 2005 DOE Budget Request, Energy and Walter Development Approximation, Vol. 3, Nuclear Energy, pp. 395-398. http://www.mbe.doe.gov/ budget/05budget/

content/es/nuclear.pdf.
[3] Zohuri, B. *Nuclear Energy for Hydrogen Generation through Intermediate Heat Exchangers: A Renewable Source of Energy.* 1st ed. Springer Publishing Company, New York, NY.
[4] Pannier, C.P., and R. Skoda. 2014. Comparison of Small Modular Reactor and Large Nuclear Reactor Fuel Cost. *Energy and Power Engineering* 6: 82−94. https://doi.org/10.4236/ epe.2014.65009.
[5] The Ux Consulting Company. 2011 UxCPrices. http://uxc.com/review/uxc_Prices.appx
[6] Locatelli, G. 2010. SMR Economics Evaluation. *Proceedings of the 4th Annual Asia-Pacific Nuclear Energy Forum on Small and Medium Reactors (SMRs): Benefits and Challenges*, Berkeley, 17−19 June 2010.
[7] Preliminary data for 2017. Includes utility-scale electricity generation, which is electricity generation from power plants with at least one megawatt (or 1,000 kilowatts) of total electricity generating capacity.
[8] Jones, C., and J. Jacob Ⅲ. Economical and technical considerations for combined-cycle performance-enhancement options, GE Power Systems, GER 4200, October 2000.
[9] Langston, Lee S., and George Opdyke. 1997. Introduction to Gas Turbine for Non-Engineers, Global Gas Turbine News, Volume 37, No. 2.
[10] Jones, Chuck, and John A. Jacobs Ⅲ, 'Economic and Technical Considerations for Combined-Cycle Performance-Enhancement Options', GE Power Systems Schenectady, NY. GER−4200.
[11] Rolf, Kehlhofer, Frank Hannemann, Franz Stirnimann, and Bert Rukes. 2009. *Combined-Cycle Gas & Steam Turbine Power Plants.* 3rd ed. PennWell Publication.
[12] Thomas, S. Bradford, Froggatt, A., and Milborrow, D., "The Economics of Nuclear Power" Research Report 2007. Reenpeace.org.
[13] Zohuri, B., and McDaniel, P. "Combined Cycle Driven Efficiency for Next Generation Nuclear Power Plants: An Innovative Design Approach" Dec 8, 2017, Published by Springer Publishing Company.
[14] Zohuri, B. 2018. *Small Modular Reactors as Renewable Energy Sources.* Springer Publishing Company, New York, NY.
[15] An Interdisciplinary MIT Study 'The Future of Nuclear Power', MIT, ISBN 0−615−12420−8, 2003.
[16] Platt's Nuclear News Flashes, 8 March 2005.
[17] Generation IV International Forum (GIF), 'A technology roadmap for Generation IV nuclear energy systems' NERAC Review Version, September 2002.
[18] *Nuclear power's role in generating electricity.* US Congressional Budget Office: May 2008. Quoted in Ingersoll, D. T. "Small Modular Reactors, Nuclear Power Fad or Future," Woodhead Publishing Series in Energy, Number 90, Cambridge, UK, 2016.

第4章　小型模块化反应堆的先进能量转换系统

过去30年,电力生产行业的主要增长集中在基于燃气轮机循环的天然气发电厂的扩张上。简单布雷顿燃气轮机最流行的扩展是联合循环发电厂,其中开式空气-布雷顿循环作为顶循环,蒸汽-朗肯循环作为底循环,用于被称为GEN-Ⅳ的新一代核电站。空气-布雷顿循环是开式循环,蒸汽-朗肯循环是闭式循环。天然气驱动发电厂的空气-布雷顿循环必须是开式循环,空气从环境中被吸入并与燃烧产物一起被排放到环境中。该技术被建议作为一种创新方法,用于GEN-Ⅳ的小型模块化反应堆的形式和类型。来自空气-布雷顿循环的热废气通过热回收蒸汽发生器,在联合循环中被排放到环境中。热回收蒸汽发生器与传统蒸汽-朗肯循环的锅炉具有相同的用途。

4.1　介　　绍

目前在美国,在运行的反应堆不到100个[1]。其数量在20世纪90年代后期达到顶峰,此后开始减少。造成这种情况的原因有很多,但大多数都与经济竞争有关。廉价天然气的可用性是最明显的一个。部分问题是核电的成本分配问题。在美国,只有大约10%的核电成本是燃料成本。超过50%的成本是发电厂的资本成本,包括建设期间的融资。美国最后建造的核反应堆集中在1 GW的核电站上。传统观点认为,核电站必须有这么大才能利用规模经济。然而,自从20世纪七八十年代大规模建造核电站以来,大多数公用事业公司都增加了100~500 MW(e)水平的能力。电力需求持续增长,但更经济的做法是更快地建造小型发电厂,以满足需求。这可以降低财务费用并加快运营发电厂的成本回收。当然,这很适用于燃烧天然气或煤炭的发电厂。监管延迟是核电站的另一个竞争障碍,因为没有化石燃料监管委员会来监督建造过程的每个要素,正是这些要素导致了自身建造的延迟。

核管理委员会向美国核工业灌输的建造和运行安全思想对其生存至关重要。这对于为美国人民实现核能发电获益至关重要。此类监管机构的要求必须成为任何先进核电站设计的一部分。为了加快建设和许可过程,可以做两件事并仍然保持卓越的安全性。首先,给定类型发电厂的设计应标准化;其次,发电厂本身应尽可能独立于选址特征。这些都不是新想法,但小型模块化反应堆在许多方面使它们更容易实施。发放许可证所需时间的显著减少可以激励公用事业公司更有利地考虑新建核电站。

压力巨大的核工业面临的第二个主要问题是缺乏制造能力。在20世纪七八十年代的主要建设期间,有4家大型竞争公司在美国建造核电站。自从商业核电在航运港口诞生以来,西屋电气公司就一直存在。通用电气公司在设计了核潜艇之后开发了沸水堆,来作为压水堆的主要竞争对手。巴布科克·威尔科克斯公司和燃烧工程公司一样开发了自己的压水堆版本。今天,燃烧工程公司不再是核系统供应商。通用电气公司已经失去了其主要的船舶制造能力,并将这种能力转移给了日本株式会社日立制作所。申请破产保护的西屋电气公司已成为一家国际公司,其大部分业务都在海外。自三里岛核事故发生以来,巴布科克·威尔科克斯公司一直专注于支持核动力海军,并没有采取积极的商业立场。目前尚不清楚美国是否有一家代工厂可以为 1 GW 的发电厂生产压力容器。当然,如果唯一的市场是美国的电力行业,那么生产 1 GW 船舶的业务就不足以维持一家代工厂的运转。小型模块化反应堆为小型容器和更多容器提供了机会。

先进核电站面临的电力市场的下一个重大转变是广泛的可再生能源系统的出现。太阳能和风能系统正以惊人的速度增长。从经济角度来看,它们具有一些与核能相同的特征。它们的能源成本非常低,甚至可以忽略不计(图 4.1)。然而,又一次没有可再生能源监管机构来规定建设标准。因此,基本建设不像类似的核设施那样不确定。它们给核电网带来的真正问题是它们无法控制自己的能源。这使得它们断断续续,并且不容易将输出与需求相匹配。按照可再生能源系统进入市场的速度,它们在一年中的某些时间和某些时期已经饱和了对电力的需求。臭名昭著的"鸭子"曲线已经在加利福尼亚州市场被几个组织观察到[2]。

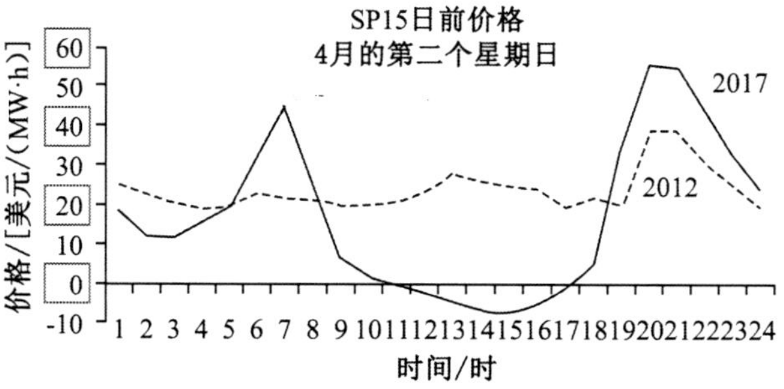

图 4.1　加利福尼亚州"鸭子"曲线

2017 年的日价格似乎形成了鸭子的轮廓。注意,在一天的大部分时间里,价格都是负数。这是因为太阳能系统在财政上得到了补充,除了客户外,还有人愿意为发电量付费。在北海冬季的风能,德国也出现了类似的问题。由于强风发生时电力供应过剩,德国的几个邻国在几个月的部分时间内可以获得免费电力。在美国也有一些地方,风能会在短时间内使电力市场饱和。对于这种间歇性的生产过剩,显而易见的答案是某种形式的储存。遗憾的是,此时存储电能非常昂贵,并且存储能力增加了太阳能或风能发电厂的资本投资[2]。

新核电站的另一个挑战是缺乏冷却水来排出当前热力学循环所需的废热。典型的核电站的效率为 33%~35%。这意味着它们必须排出所产生能量的 65%~67%。它们通过加热环境水或蒸发冷却塔中的水来实现这一点,冷却塔已成为核电站的象征。传统的煤和天然气发电厂的效率略高,但通常仍会产生比发电量更多的能量[3,4]。最新的联合循环发电厂确实实现了接近 60%或更高的效率,并且最终能够产生比它们必须排放的废热更多的电能。在所有情况下,废热都会进入循环水系统,该系统要么加热环境水,然后将其返回环境以通过大气过程冷却,要么在冷却塔中将其蒸发。在任何一种情况下,大气都成为最终的热阱。目前,美国 50%以上的淡水用于冷却发电厂。并非所有的淡水都被消耗掉了,但这仍然是一个惊人的统计数据。新核电站的建设受到附近需要有一个卸热水池的限制。这就是为什么日本所有的核电站都建在海岸附近的原因。所有的美国核电站都包含一个卸热水池。亚利桑那州的帕洛维德核电站由于缺水而无法扩展,尽管其市场区域的电能需求有所增加。

新核电站面临的最后一个问题是缺乏商业乏核燃料的废物储存库和回收乏燃料中的钚及剩余^{235}U 的后处理能力。多年来,人们认为利用美国铀储量的最佳方式是建造一系列增殖反应堆,这些反应堆生产的核燃料多于消耗的核燃料。这绝对需要后处理技术来从单程燃料中回收钚。由于美国在短期内放弃了这种技术,下一个最好的选择是在建造的反应堆中实现尽可能高的转换效率。基本上,这个想法是设计堆芯,以便在生产它的燃料元件中燃烧钚。对于当前轻水堆中的3%~5%浓缩燃料元件,在其3~4年的燃烧周期结束时,增殖堆的钚产生的能量与元素中剩余的^{235}U 一样多。如果将19.75%的浓缩燃料元件装入快堆,就有可能显著延长换料周期并燃烧更多已产生的钚。人们可以实现超过0.9的转换率。废料储存库和后处理技术仍将是必需的,但这两者的规模可以通过未来开发具有非常高转换率的反应堆而降低。

在本章和第5章、7章和8章,将描述具有新能量转换系统的小型模块化反应堆,该反应堆解决了这类大多数问题。该反应堆将是一个由钠、铅或熔盐冷却的快中子堆,并使用空气-布雷顿能量转换系统。空气-布雷顿能量转换系统包括两种类型——带有蒸汽底部循环的联合循环系统和仅基于空气的回收循环系统。核空气-布雷顿联合循环系统被称为NACC(nuclear air-Brayton combined cycle)系统,核空气-布雷顿回收循环系统被称为NARC(nuclear air-Brayton recuperated cycle)系统。

4.2 目前提出的小型模块化反应堆能量转换系统

20世纪50年代,核能首次被认为是潜艇推进和发电的可能来源,当时最先进的发电厂的电力转换系统都是蒸汽锅炉。因此,最早的发电厂和今天存在的大多数发电厂都使用核反应放出的热量来使水沸腾。已经提出的一些小型模块化反应堆采用了这种技术,只是当前一代1 GW轻水堆的更小版本。Holtec国际公司和BWXT公司提出的小型模块化反应堆就属于这一类。

对NuScale电力公司的反应堆主要出于安全考虑,人们使用自然对流水系统从反应堆堆芯中提取热量。这是核潜艇首创的概念,旨在降低反应堆泵的噪声,以实现更隐蔽的操作。它是设计和许可程序方面最先进小型模块化反应堆。目前估计其热力学效率为31%,略低于当前的GEN-Ⅱ或GEN-Ⅲ轻水堆。

最新的小型模块化反应堆能量转换系统是超临界二氧化碳系统。来自马萨诸塞理工学院的Dostal等于2004年发表了描述这种核反应堆技术的开创性报告[5]。这个概念是由桑迪亚国家实验室的研究人员提出的,目前正在由美国能源部/东北部开发。高压(7 MPa)可能使非常小的涡轮机和传热设备成为可能。随后将其与空气-布雷顿系统进行比较来讨论效率预测。目前还没有人提倡将此技术作为小型模块化反应堆的基准,但随着它的成熟,它很可能会被小型模块化反应堆采用。

目前发展起来的第四种能量转换系统是超临界水力转换系统。30~150 MW(e)等级的小型模块化反应堆已被提出用于该能量转换系统。它的主要优点是工作流体不会发生相变。这要求系统在647 K和22.1 MPa的水临界点以上运行。尽管这是传统蒸汽系统压力的2倍多,但该技术已很好地渗透到化石能源蒸汽市场。

小型模块化反应堆能量提取和转换系统的其他可能性是气冷反应堆。这些并不容易应用于小型模块化反应堆的一小部分,因为堆芯中的气体热提取能力需要大表面积,也就意味着需要大的堆芯。这些系统的效率将与此处提出的液态金属/熔盐的空气-布雷顿系统进行比较,但更紧凑的堆芯的开发将需要大量时间才能赶上更紧凑的系统。

4.3 先进的空气-布雷顿能量转换系统

先进的空气-布雷顿能量转换系统以当前一代燃气轮机系统为模型,并利用为这些系统开发的大部分技术。在发展核电的同时,燃气轮机也正处于快速发展时期。喷气动力飞机的发展为燃气轮机技术的进步提供了非常强大的动力。该技术适用于固定发电厂,以煤油为燃料提供峰值电力。即使燃料更昂贵,燃气轮机设备也可以比大型蒸汽锅炉设备更快地启堆和停堆。随着廉价天然气的出现,基本负荷燃气轮机装置应运而生。然后人们观察到,燃气轮机可用的温度升高,使它们的废气被用于加热传统锅炉中的水,于是发明了联合循环。目前,燃气轮机联合循环发电厂的效率超过了 60%。燃气轮机工厂的效率是衡量驱动性能的指标,因为 5%的发电成本是燃料消耗的成本。

图 4.2 为典型的燃气轮机联合循环系统图。环境空气通过空气压缩机吸入,与燃料结合,在燃烧室中燃烧,然后通过涡轮机膨胀,通过热回收蒸汽发生器排放到大气中。底部蒸汽循环从泵入口处的液态水开始,在那里它被升到高压。然后,它通过热回收蒸汽发生器,在那里它以与在传统锅炉中几乎相同的方式蒸发。之后蒸汽通过典型的 3 个涡轮机膨胀和再加热。废气进入冷凝器,该冷凝器提取废热并将蒸汽冷凝成水,重新开始循环。注意,循环水系统需要从冷凝器中提取废热并以某种方式将其沉积在环境中。

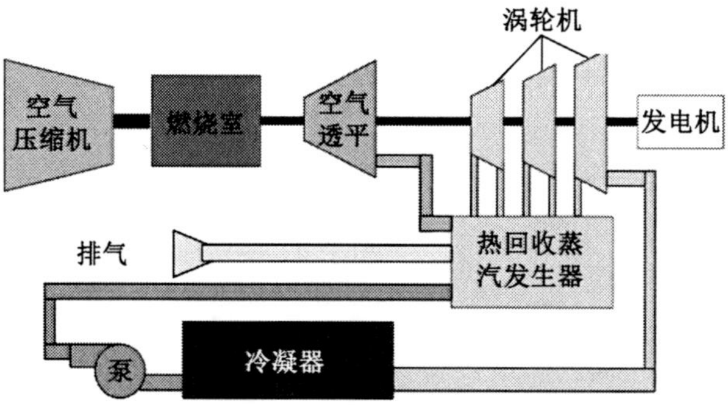

图 4.2 典型的燃气轮机联合循环系统图

这个循环在图 4.2 中没有显示。另外,还要注意,系统图非常简化,仅显示了主要组件。任意的真正系统都至少有几台给水加热器,以稍微提高蒸汽循环的效率。还值得指出的是,蒸汽循环是一个封闭循环,工质是连续使用的。对于空气-布雷顿循环,空气被使用一次并排放到环境中。

最简单的 NACC 系统看起来与燃气轮机联合循环系统完全相同,不同之处在于用热交换器代替燃烧室,并增加了另一个流体回路,以将通过反应堆的工质传输到该热交换器。实际上,对于此处要考虑的系统,通过反应堆的传热流体通过另一个热交换器成为类似的工质,然后通过热交换器,驱动空气-布雷顿循环。对于钠冷反应堆,这意味着初级钠通过反应堆,然后通过钠-钠中间热交换器,然后加热的钠进入驱动空气涡轮机的初级钠-空气热交换器。

NARC 系统只是用热交换器代替热回收蒸汽发生器,该热交换器在压缩空气进入主热交换器之前对其进行预热,并回收涡轮机排气中的部分废热。通过同流热交换器后,废气通过烟囱排放到大气中。因此,来自 NARC 系统的废热无须经过循环水系统的加热即可沉积在大气中。

将主热交换器(钠-空气)与燃烧室进行对比是很有用的。热交换器不能将工质加热到与燃烧室一样高的温度。在热交换器中,从固体材料到气体的温度变化涉及温度下降,因此气体温度必须始终低于固体热交换器材料的温度。在燃烧的情况下,温度下降是在另一个方向的,气体温度高于燃烧室材料的。由于燃烧室可以被冷却,因此这种温度下降可能非常显著。NACC 系统或 NARC 系统的燃气温度是热力学效率的主要指标,冲击涡轮机的温度始终低于燃气轮机联合循环系统的燃气温度。有一个轻微的补偿,因为热交换器的压降可以低于燃烧室的压降。燃烧室的典型压降约为 3%~5%,而热交换器压降可以设计为不到 1%。

另一个区别是 NACC/NARC 系统不改变工质。燃烧系统消耗了压缩空气中的氧气,虽然它们通常不会达到氧气燃烧的化学计量温度,但大部分氧气都被燃烧了。对于 NACC/NARC 系统,只加热空气。借用蒸汽系统的设计,空气可以通过第一个涡轮机膨胀,然后重新加热并再次膨胀。对于蒸汽循环,蒸汽通常通过多达 3 个涡轮机膨胀。由于通过主热交换器的压降可能是通过燃烧室的压降的 1/5,因此考虑通过涡轮机的空气多达 4 次再热和 5 次膨胀是有意义的。

考虑到这些想法,典型的双涡轮 NACC 系统图如图 4.3 所示。

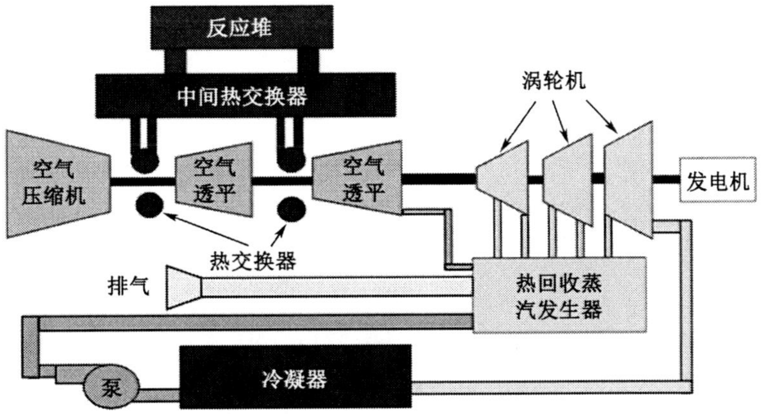

图 4.3 典型的双涡轮 NACC 系统图

图 4.4 为典型的双涡轮 NARC 系统图。

这两个涡轮系统是我们将考虑的最简单的多涡轮 NACC/NARC 系统。注意,空气压缩机、空气涡轮机、蒸汽涡轮机和发电机都在同一根轴上。另一种配置将使空气涡轮机和蒸汽涡轮机位于不同的轴上,这将需要两个较小的发电机。对于此处的讨论,将不考虑这些配置之间的差异。然而,一个令人感兴趣的配置变化是将最后一个空气涡轮机转换为动力或自由涡轮机。在这种情况下,第一个涡轮机连接到空气压缩机轴,并驱动压缩机。动力或自由涡轮机不连接到该轴,而仅连接到发电机。这是所谓的涡轮轴发动机中的常见配置。这里将考虑的不同之处在于,工质(空气)在进入动力涡轮机之前将通过另一个热交换器。在燃烧系统中,则不是这样做的,因为空气不能再燃烧。

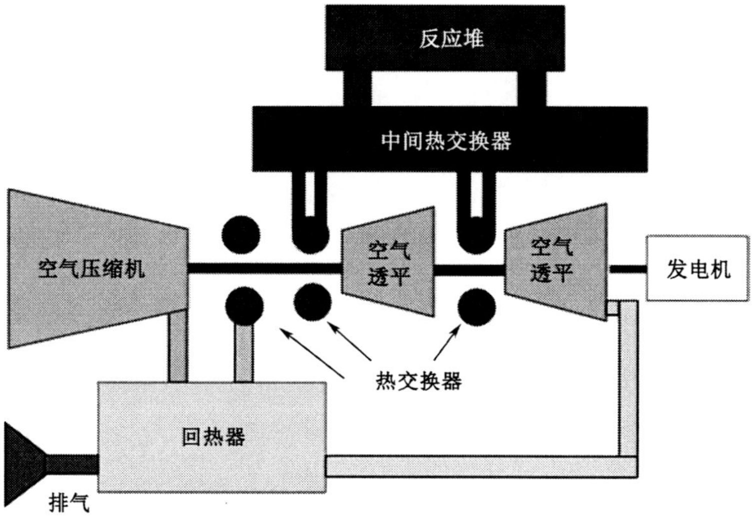

图 4.4 典型的双涡轮 NARC 系统图

此外,在空气离开热回收蒸汽发生器和耗尽之前,可以在 NACC 系统中添加一个回热器。标准的燃气轮机联合循环系统没有这样做,但为了提高近期系统的效率,这里将考虑这样做。

在进入部件和循环的设计与分析之前,值得指出的是人们已经提出了其他组合循环。至少在一种设计中,蒸汽循环已被有机循环取代,其中选择的有机流体是甲苯。由于底循环是一个闭式循环,水作为工质并不是唯一的,有机循环具有一些优势。

另一种联合循环已被提出用于具有两个闭式循环的空间发电厂。顶循环是氦气和氙气的混合物,底循环使用异丁烷作为工质。这个循环似乎比其他提出的能量转换循环更有效,对空间能量来说,它显著减小了用于排放废热的散热器的尺寸。

4.4 设计方程和设计参数

人们开发了两种设计,一种用于近期的钠冷却系统,另一种用于先进的熔盐冷却系统。这些系统代表了基于空气-布雷顿能量转换的 50 MW(e)小型模块化反应堆系统的样子。

1.反应堆

一本关于小型模块化反应堆的书可能会详细介绍反应堆堆芯和排热系统的设计。然而,这里感兴趣的反应堆都是液态金属类型——钠冷却、铅冷却、铅铋冷却和熔盐冷却。(注意,熔盐液体燃料并未被考虑,是因为尺寸尚未确定)许多原型已经建成,它们的特性在 Waltar 等的书中有详细记录[6]。

这些系统的堆芯采用了非常简单的方法。假定采用池式液态金属布置,并根据世界各地已建成的液态金属系统,对 Waltar 等提供的功率水平与尺寸数据进行简单的线性回归拟合,拟合曲线如图 4.5 所示。

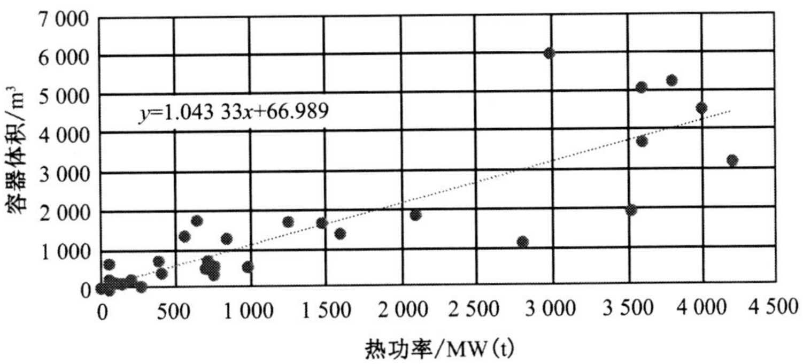

图 4.5 液态金属反应堆的估算体积与反应堆热功率的拟合曲线

这是一种有点粗糙但却基于实际经验的方法。当然,最好能打破这种曲线,曲线仅用于显示核电站反应堆部分和能量转换部分之间的比较。将反应堆拟合到此处建模的另一个重要参数是第一个涡轮机入口处的热空气温度。

钠和可能的铅或铅铋系统的现有技术似乎能够达到 510 ℃或 783 K 的温度。预计熔盐系统能够达到更高的温度,因此它们的温度估计为 675 ℃或 948 K。下面的分析将着眼于近期可能的 783 K 温度和 948 K 的发展温度。高温气冷堆理论上可以达到比这更高的温度,但分析高温气冷堆超出此处的目标。然后容器体积估计为反应堆热功率的 1.04 倍,单位为 MW 加上 67 m^3。近期小型模块化反应堆将以 783 K 的温度向第一台涡轮机输送热空气,而先进小型模块化反应堆将以 948 K 的温度向第一台涡轮机输送热空气。

2.空气压缩机与涡轮机

对于接下来的所有分析,都应用到了“橡胶”引擎的概念。也就是说,每次都重建设备以匹配所需的条件。这与考虑给定的“固体”发动机并查看其在不同条件下的性能不同。因为燃气轮机的市场很大,所以这里采用的方法是查看组件的所需特性,然后查看是否有任何现成的组件满足该要求。即使它们不完全满足,如果很接近,为了一个现成的开发组件牺牲一些性能可能是值得的。因此,每个组件都旨在优化所考虑的特定发电厂的性能。

考虑到这一点,对压缩机的基本要求是增加工质的压力。当它这样做时,它也会加热工质。工质的加热定义了驱动压缩机所需的功。

定义方程为

$$T_{\text{out}} = T_{\text{in}} \varepsilon_{\text{CPR}}^{\left(\frac{\gamma-1}{\gamma e_c}\right)} \tag{4.1}$$

其中,ε_{CPR}为压缩机压力比;e_c 为压缩机的多方效率;γ 为空气的比热比。

$$W_{\text{comp}} = C_p(T_{\text{out}} - T_{\text{in}}) \tag{4.2}$$

其中,C_p 为空气定压比热。

注意,所有计算都遵循以每单位质量为基础进行分析的标准做法。涡轮机和压缩机的效率将使用称为多方或小级效率的数量来计算。该效率与压力比无关。这允许比较多个压力比的性能。还值得指出的是,空气的比热和比热比不是常数,因此必须根据过程开始和结束时的两个温度选择平均值。通过估计最终温度,然后更新比热和比热比,直到所有收敛为止,迭代地求解该值。

我们可以通过计算多变效率为 1.0 时产生的理想温度,然后比较两个温度变化,来计算压缩机或涡轮机的经典热力学效率。例如,对于压缩机,我们将有

$$T_{\mathrm{out,ideal}} = T_{\mathrm{in}}\varepsilon_{\mathrm{CPR}}{}^{\left(\frac{\gamma-1}{\gamma}\right)}$$

并且

$$e_{\mathrm{th}} = \frac{W_{\mathrm{ideal}}}{W_{\mathrm{actual}}} = \frac{T_{\mathrm{out,ideal}} - T_{\mathrm{in}}}{T_{\mathrm{out}} - T_{\mathrm{in}}} \tag{4.3}$$

涡轮机的控制方程为

$$T_{\mathrm{out}} = T_{\mathrm{in}}\left(\frac{1.0}{\varepsilon_{\mathrm{CPR}}}\right)^{\frac{(\gamma-1)e_{\mathrm{t}}}{\gamma}} \tag{4.4}$$

其中,e_{t} 为涡轮机的多方效率。

与

$$W_{\mathrm{t}} = C_{\mathrm{p}}(T_{\mathrm{in}} - T_{\mathrm{out}}) \tag{4.5}$$

除了估计特定能量转换系统的热力学性能外,还将尝试估计组件的尺寸,尤其是热交换器的尺寸。要估算压缩机和涡轮机的尺寸,必须计算实际质量流量。这当然取决于产生的功率。由循环的空气-布雷顿系统部分产生的净电力估计为

$$P(e)_{\mathrm{net}} = \dot{m}\sum_{i} W_{\mathrm{t},i} - \dot{m}\sum_{j} W_{\mathrm{c},j} \tag{4.6}$$

给定来自循环的空气-布雷顿系统部分所需电功率,然后对该方程求解质量流量。

压缩机的尺寸基于 0.5 的轮毂与尖端比、0.05 的叶片坚固度和 0.4 的入口马赫数。这些信息足以计算压缩机半径。每级的压力比增加设置为 1.25。然后根据进入给定阶段的密度计算叶片的长度,以获得恒定的轴向速度。然后计算平台的宽度为叶片高度的 0.784 倍。这给出了压缩器的长度,然后是体积。

空气涡轮机尺寸的估算方式大致相同,轮毂与尖端的比为 0.7,叶片坚固度为 0.05,出口马赫数为 0.3,每级压降系数为 2.5。压缩机和涡轮机有许多可能的设计,但这些参数似乎是当前设计的平均水平。压缩机和涡轮机的体积最终并不是整个系统体积的主要贡献者。因此,这些近似值似乎相当合适。

也许最关键的尺寸估计是压缩机的半径,因为它用于根据 Wilson 和 Korakianitis 开发的经验关系式来估计多方效率[7]。

$$e_{\mathrm{c}} = 0.862 + 0.015\ln(\dot{m}) - 0.005\,3\ln(r_{\mathrm{c}}) \tag{4.7}$$

其中,$\dot{m}$ 为质量流量,kg/s;r_{c} 为压缩机压力比。

Wilson 等还为空气涡轮机的多方效率开发了类似的经验关系式,由下式给出[7]:

$$e_{\mathrm{t}} = 0.712\,7 + 0.03\ln(d_{\mathrm{m}}) - 0.009\,3\ln\frac{1}{r_{\mathrm{t}}} \tag{4.8}$$

其中,d_{m} 为转子平均直径,mm;r_{t} 为涡轮机的压力比。

不会针对空气压缩机和涡轮机性能解决整个系统尺寸的敏感性问题,因为它们仅占整个系统体积的一小部分。除了在所有情况下都假设简单的热力学效率为 0.95 外,蒸汽轮机系统的建模类似于空气涡轮机。这属于近期最先进的涡轮机的范围[8,9]。使用 0.6 的轮毂

与尖端比、0.05 的叶片坚固度和 0.3 的出口马赫数来计算涡轮机直径。每级压降系数为 1.5,级宽与叶片高度的 0.4 倍成正比,用于估计涡轮机长度。

3.热交换器

在随后的每个系统中都有许多热交换器。在许多情况下,它们占系统体积的绝大部分。NACC 系统的最大部件通常是热回收蒸汽发生器,它包括一个省煤器、蒸发器和 3 个过热器。对于 NARC 系统,最大的部件通常是回热器,因为它是一个空气对空气的热交换器。

每个热交换器中的传热由经典方程计算:

$$E_{\mathrm{ff}} = \frac{C_i(T_{\max,i} - T_{\min,i})}{C_{\min}(T_{\mathrm{hot,in}} - T_{\mathrm{cold,in}})} \tag{4.9}$$

其中,E_{ff}为热交换器效率;$C_{\min}$为两种流体的最小质量流量乘以比热;$T_{\mathrm{hot,in}}$为进入热交换器的热流体的温度;$T_{\mathrm{cold,in}}$为进入热交换器的冷流体的温度;C_i 为质量流量乘以第 i 种流体(热或冷)的比热;$T_{\max,i}$为第 i 种流体的最高温度;$T_{\min,i}$为第 i 种流体的最低温度。

假设所有热交换器的基准效率为 0.95,两种流体的压降均为 1.0%。我们将相关参数定义为压力比,而不是压降。1%的压降意味着热交换器的出口压力是入口压力的99%。然后我们可以使用至少一种流体达到 1% 的压降来计算热交换器的尺寸。这适用于所有热交换器,无论是液态金属、熔盐对空气、空气对空气、空气对水或空气对蒸汽。实现 0.95 效率的整体尺寸还取决于热交换器内的流动路径、最小与最大质量流量与热容量的比值,以及特定设计的传热单元数量。流动路径可以是逆流或横流。有多种令人感兴趣的横流。传输单元定义为

$$N_{\mathrm{tu}} = \frac{AU}{C_{\min}} \tag{4.10}$$

其中,A 为传热面积;U 由以下等式给出:

$$\frac{1}{U} = \frac{1}{\eta_{\mathrm{h}} h_{\mathrm{h}}} + \frac{1}{k/\alpha} + \frac{1}{\eta_{\mathrm{c}} h_{\mathrm{c}}} \tag{4.11}$$

其中,h_{h}、h_{c} 为热表面和冷表面的传热系数;η_{h}、η_{c} 为热表面和冷表面(翅片等)的表面效率;k/α 为壁面导热系数与其厚度之比。

假设热表面积与冷表面积和壁表面积相同。如果情况并非如此,则必须取平均值,那么函数关系为

$$E_{\mathrm{ff}} = f(N_{\mathrm{tu}}, C_{\min}/C_{\max}, \text{流动方向}) \tag{4.12}$$

这些函数关系取自 Kays 和 London 的论文[10]。对于此处考虑的系统,将使用来自 Kays 和 London 的以下配置。

(1)主热交换器:钠对空气和熔盐对空气

类型:横流未混合。

表面:百叶窗板翅。

间距:437 m。

每体积传热面积:1 204 m^2/m^3。

(2)废气加热器:空气到水

类型:横流未混合。

表面:百叶窗板翅。

间距:437 m。

每体积传热面积:1 204 m^2/m^3。

(3)过热器:空气到蒸汽

类型:横流未混合。

表面:百叶窗板翅。

间距:437 m。

每体积传热面积:1 204 m^2/m^3。

(4)冷凝器:蒸汽到水

类型:横流未混合。

表面:百叶窗板翅。

间距:437 m。

每体积传热面积:1 204 m^2/m^3。

(5)回热器:空气到空气

类型:横流未混合。

表面:板翅。

间距:1 789 m。

每体积传热面积:4 372 m^2/m^3。

(6)中间冷却器:水到空气

类型:横流未混合。

表面:板翅。

间距:1 789 m。

每体积传热面积:4 372 m^2/m^3。

4.泵与发电机

我们简单地假设水泵的效率为80%,发电机的效率为99%。假设机械效率为99%,以解决涡轮压缩机中的摩擦损失。

5.连接与不确定性

我们增加了组件的尺寸以考虑不确定性和连接。增加因素如下。

反应堆——估计体积 = 1.00 × 计算体积

压缩机——估计体积 = 1.20 × 计算体积

空气涡轮机——估计体积 = 1.10 × 计算体积

主热交换器——估计体积 = 1.10 × 计算体积

过热器——估计体积 = 1.20 × 计算体积

蒸汽轮机——估计体积 = 1.20 × 计算体积

蒸发器——估计体积 = 1.20 × 计算体积

省煤器——估计体积 = 1.20 × 计算体积

冷凝器——估计体积 = 1.20 × 计算体积

回热器——估计体积 = 1.05 × 计算体积

中冷器——估计体积 = 1.05 × 计算体积

4.5　小型模块化 NACC 系统的预测性能

为了评估小型模块化 NACC 系统的性能,我们考虑了两个技术水平。一个近期系统由一个钠反应堆代表,第一台涡轮机的输入温度为 783 K。一个先进的系统以熔盐反应堆为代表,第一台涡轮机的输入温度为 948 K。两个系统都设计为产生能量 50 MW(e)。两个系统都考虑了多达 4 个再热循环或 5 个初级热交换器和涡轮机。所有涡轮机的入口和出口温度相同。表 4.1 为近期钠空气-布雷顿联合循环系统的性能特点。

表 4.1　近期钠空气-布雷顿联合循环系统的性能特点

特征	2 透平	3 透平	4 透平	5 透平
电功率/MW(e)	50	50	50	50
效率/%	30.440	34.100	35.920	37.14
热功率/MW(t)	164.300	146.600	139.200	134.60
临界功率比	4.957	7.541	9.703	10.28
透平入口温度/K	783	783	783	783
透平出口温度/K	648	668	683	703
空气质量流量/(kg/s)	333.200	272.900	245.200	227.40
水质量流量/(kg/s)	7.600	8.300	8.900	9.60
布雷顿功率/MW(e)	39.200	37.900	36.700	35.20
朗肯功率/MW(e)	10.800	12.100	13.300	14.80
水热转储/MW(t)	15.800	17.700	19.600	21.50
反应堆尺寸/m^3	236	218	210	206
热回收蒸汽发生器/m^3	39	35	35	36
回热器/m^3	0	0	0	0
布雷顿系统/m^3	10.900	10.800	11.600	12.90
朗肯系统/m^3	46	43	44	46
系统体积/m^3	304	282	276	275

注意,其效率并不比当前的轻水堆系统好多少。其与燃气轮机联合循环相比,对温度的限制是严重的。尽管其效率并不比当前的轻水堆系统好,但向环境水中排放的热量(15.8~21.5 MW)明显低于效率为 35%的轻水堆,后者必须排放 92.8 MW 的热量才能产生 50 MW 的热量。

表 4.2 为先进熔盐空气-布雷顿联合循环系统的性能特点。现在其效率显著提高,但仍达不到燃气轮机系统。然而,将小型模块化反应堆与燃气轮机系统在电力成本以外的任何性能指标上进行比较可能不是一个好主意。

表 4.2　先进熔盐空气-布雷顿联合循环系统的性能特点

特征	2 透平	3 透平	4 透平	5 透平
电功率/MW(e)	50	50	50	50
效率/%	43.240	45.360	46.720	47.480
热功率/MW(t)	115.600	110.200	107	105.300
临界功率比	9.301	11.917	14.478	16.928
透平入口温度/K	948	948	948	948
透平出口温度/K	728	783	813	833
空气质量流量/(kg/s)	172.600	147.900	135	127.900
水质量流量/(kg/s)	9.500	10.500	10.700	10.800
布雷顿功率/MW(e)	35.300	32.400	31.300	30.700
朗肯功率/MW(e)	14.700	17.600	18.700	19.300
水热转储/MW(t)	22.400	25.300	26	26.400
反应堆尺寸/m^3	186	181	178	176
热回收蒸汽发生器/m^3	31	34	35	36
回热器/m^3	0	0	0	0
布雷顿系统/m^3	66	7.300	8.800	19.500
朗肯系统/m^3	41	45	47	48
系统体积/m^3	243	243	243	245

对于燃气轮机系统而言，效率就是一切，但对于核系统而言，效率并不重要，因为燃料成本仅占核系统电力成本的一小部分。还值得指出的是，这些是此处将讨论的最高压力系统。峰值压力约为 17 个大气压或约 1.7 MPa。这明显低于当前的轻水堆系统压力，并且远低于为超临界二氧化碳系统提出的 7 MPa+。

这些系统的水热排放量大于钠系统，因为大部分能量来自底部循环。

通过在热回收蒸汽发生器之后增加一个回热器，我们可以提高近期钠联合循环的效率。与 NARC 系统类型相比，这是一个相对较小的热交换器，但它确实提高了效率。其性能特点见表 4.3。

表 4.3　带有回热器的钠空气-布雷顿联合循环系统的性能特点

特征	2 透平	3 透平	4 透平	5 透平
电功率/MW(e)	50	50	50	50
效率/%	40.700	40.980	41	40.980

表 4.3(续)

特征	2 透平	3 透平	4 透平	5 透平
热功率/MW(t)	122.900	122	122	122
临界功率比	2.598	2.556	2.609	2.788
透平入口温度/K	783	783	783	783
透平出口温度/K	713	730	743	748
空气质量流量/(kg/s)	351.700	309.200	293	277
水质量流量/(kg/s)	16.400	16.1	16.500	16
布雷顿功率/MW(e)	24.300	24	23	23.500
朗肯功率/MW(e)	25.700	26	27	26.500
水热转储/MW(t)	29.800	36.600	37.400	36.500
反应堆尺寸/m^3	194	194	194	194
热回收蒸汽发生器/m^3	59	57	57	55
回热器/m^3	74	65	62	58
布雷顿系统/m^3	82	76	75	73
朗肯系统/m^3	77	75	76	73
系统体积/m^3	374	364	364	360

注意,效率不是涡轮机或再热循环数量的强函数,两涡轮机系统与三涡轮机、四涡轮机和五涡轮机系统相比具有竞争力。系统压力也较低,这是任何一个回收系统的特征。再一次,由于底部循环正在做更多的功,所以热转储会更大一些。先进的熔盐系统无法接受同流热交换器,因为压缩机出口温度高于最终涡轮机出口温度。

4.6 小型模块化 NACC 系统的性能变化

鉴于表 4.1、表 4.2 和表 4.3 中描述的性能,我们可以考虑这些系统对分析中所做的一些假设的敏感性。如果试图评估具有 4 个涡轮机配置的 3 个不同系统的敏感性会变得相当混乱,那么可选择三涡轮机系统来评估敏感性,并且回热器将包含在近期系统中。

第一个最明显的敏感性参数是进入涡轮机的空气温度。已经通过考虑两个基准温度解决了这个问题,并且两者之间的线性插值应该足够了。驱动这些 NACC 系统性能的其余两个最敏感参数是底循环中的蒸汽压力和钠系统中回热器的效率。在讨论 NARC 系统时将分析对热交换器有效性的敏感性。两个系统的热力学效率对蒸汽压力的敏感性如图 4.6 所示。

由于钠系统是回热的,而熔盐系统是不回热的,蒸汽压力对两者的影响似乎是相反的方向,不过影响不大。蒸汽压力对热回收蒸汽发生器的体积的影响如图 4.7 所示。

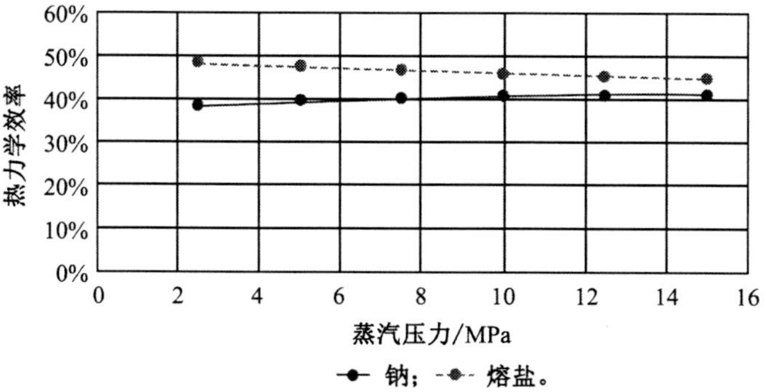

图 4.6　两个系统的热力学效率对蒸汽压力的敏感性

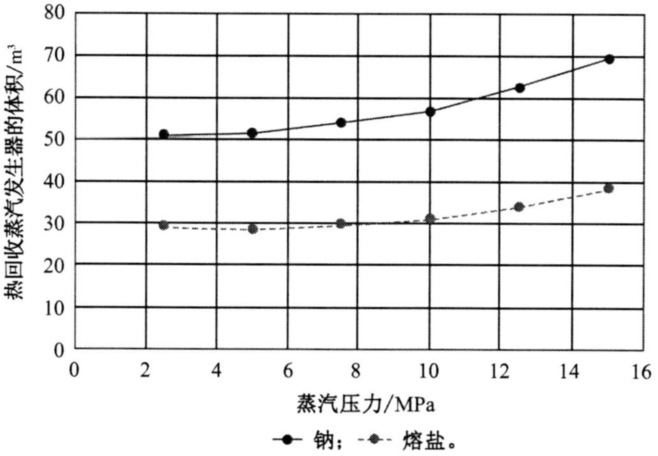

图 4.7　蒸汽压力对热回收蒸汽发生器的体积的影响

看来，随着蒸汽压力的升高，换热效果会再次减小热回收蒸汽发生器的体积，不过这次的变化方向与压力升高时的变化方向相同。图 4.8 为蒸汽压力对系统体积的影响。

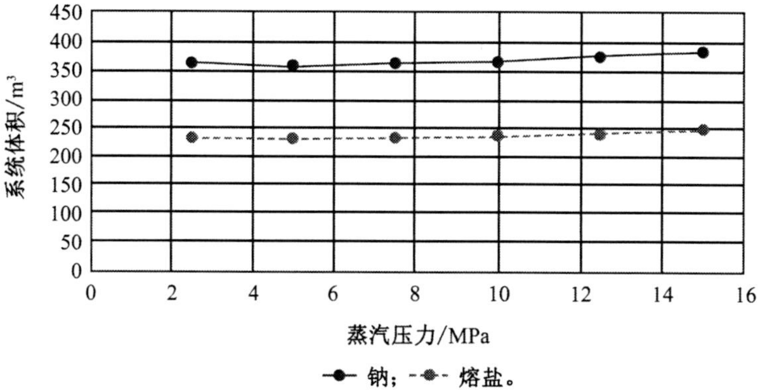

图 4.8　蒸汽压力对系统体积的影响

在蒸汽压力不同的情况下，热回收蒸汽发生器的大小不足以对整个系统的大小产生很大影响。它和热交换器的尺寸小于反应堆与一次热输送系统的估计尺寸。

由于基准蒸汽轮机被假定为非常有效,因此认为此假设对整个系统的影响是有用的。整个系统热力学效率的敏感性如图 4.9 所示。

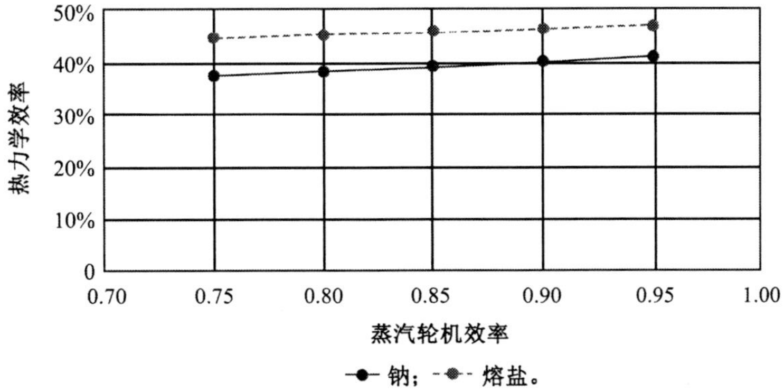

图 4.9 整个系统热力学效率的敏感性

近期钠系统蒸汽轮机效率每降低 1%,系统效率降低 0.18%;先进熔盐系统蒸汽轮机效率每降低 1%,系统效率降低 0.12%。因此,蒸汽轮机效率不是总效率的主要决定因素。

接下来考虑主加热器压降或压力比对加热器体积和系统体积的影响。如图 4.10 所示,如果允许的压力比从 0.99 变为 0.95,则加热器的体积会减小 35%~37%。它对整个系统体积的影响比预期的要大,因为加热器中的压力损失会影响下游所有系统的体积。与先进的熔盐系统相比,这对近期钠系统的影响要大得多,这种影响的大小如图 4.11 所示。

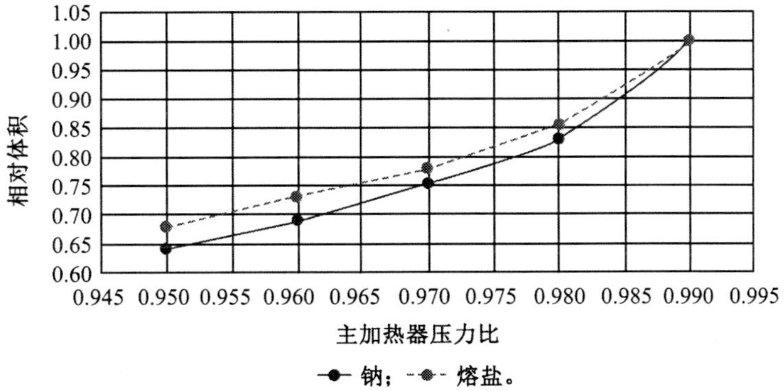

图 4.10 主加热器相对体积与压力比的关系

主加热器压力比以线性方式影响系统效率,近期系统压力比每降低 1%,系统效率降低 0.73%,而先进系统压力比每降低 1%,系统效率降低 0.35%。

接下来考虑热回收蒸汽发生器。其包括省煤器、蒸发器和过热器。将所有影响放在一起更简单,因为所有影响都是热交换器,而压降和效率是相关参数。在图 4.12 和 4.13 中,所有这些热交换器参数变化相同。

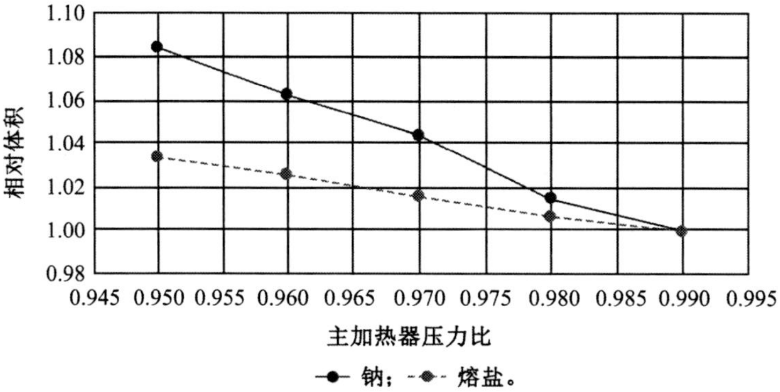

图 4.11　系统相对体积与主加热器压力比的关系

图 4.12 给出了热回收蒸汽发生器相对体积随所有压力比变化的函数。图 4.13 给出了热回收蒸汽发生器相对体积随所有组件效率变化的函数。

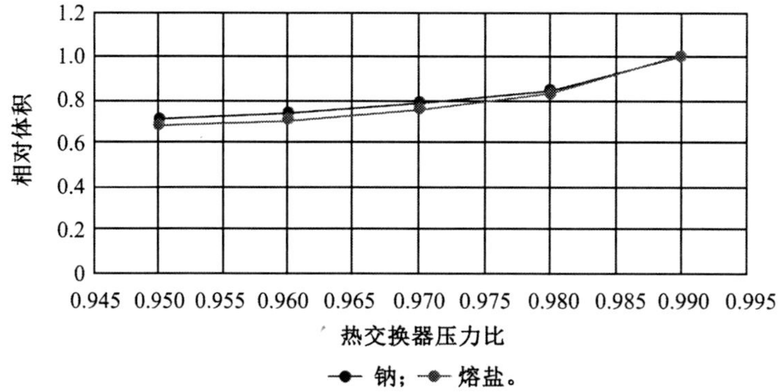

图 4.12　热回收蒸汽发生器相对体积随所有压力比变化的函数

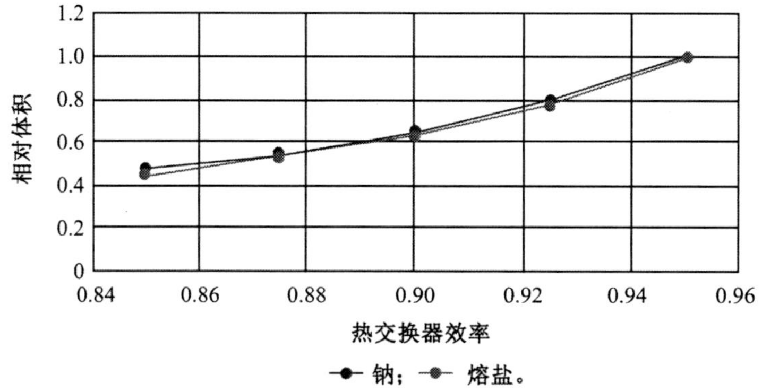

图 4.13　热回收蒸汽发生器相对体积随所有组件效率变化的函数

近期系统和先进系统的热回收蒸汽发生器大小的相对变化是相同的，导致图 4.12 和图 4.13 中的曲线重叠。

通过热回收蒸汽发生器组件的压降以与通过主加热器的压降完全相同的方式影响系

统效率——钠每 1%为 0.73%,熔盐每 1%为 0.34%。

系统效率受热回收蒸汽发生器有效性的影响比通过它的压降要小。对于近期系统,效率变化 1%的系统效率损失为 0.31%,而对于先进系统为 0.30%。

NACC 系统的敏感性分析到此结束。下一节讨论 NARC 系统时将分析对热交换器性能的敏感性。

4.7 小型模块化 NARC 系统的预测性能

由于多种原因,小型模块化 NARC 系统很有趣。它们可以实现比 NACC 系统更高的热力学效率,带有中冷器的先进系统的预测效率大于 50%。它们也可以在没有处理废热的水热转储器的情况下建造,使它们可以放置在地球上的任何地方。

表 4.4 为产生容量为 50 MW(e)的典型近期 NARC 系统的性能特点。注意,随着涡轮机数量的增加,效率略有下降,尽管它比最佳的回热式 NACC 系统高约 1%,比最佳的基本 NACC 系统高 4%。压力与回热式近期 NACC 系统非常相似,相对体积大于基本 NACC 系统但小于回热式 NACC 系统。质量流量几乎是 NACC 系统的 2 倍。

表 4.4 产生容量为 50 WM(e)的典型近期 NARC 系统的性能特点

特征	2 透平	3 透平	4 透平	5 透平
电功率/MW(e)	50	50	50	50
效率/%	42.610	42.58	42.300	41.910
热功率/MW(t)	117.300	117.40	118.200	119.300
临界功率比	2.497	2.67	2.795	2.935
透平入口温度/K	783	783	783	783
透平出口温度/K	703	725	738	745
空气质量流量/(kg/s)	602.900	558.60	538	521.200
水质量流量/(kg/s)	0	0	0	0
布雷顿功率/MW(e)	50	50	50	50
朗肯功率/MW(e)	0	0	0	0
水热转储/MW(t)	0	0	0	0
反应堆尺寸/m^3	188	188	189	190
热回收蒸汽发生器/m^3	0	0	0	0
回热器/m^3	107	97	93	89
布雷顿系统/m^3	145	118	117	117
朗肯系统/m^3	0	0	0	0
系统体积/m^3	321	315	314	315

表 4.5 为先进的 NARC 系统的性能特点。

表 4.5　先进的 NARC 系统的性能特点

特征	2 透平	3 透平	4 透平	5 透平
电功率/MW(e)	50	50	50	50
效率/%	49.550	49.400	49.240	48.990
热功率/MW(t)	100.900	101.200	101.500	102.100
临界功率比	2.847	3.077	3.345	3.365
透平入口温度/K	948	948	948	948
透平出口温度/K	855	868	883	898
空气质量流量/(kg/s)	377.900	348.700	326.200	326.100
水质量流量/(kg/s)	0	0	0	0
布雷顿功率/MW(e)	50	50	50	50
朗肯功率/MW(e)	0	0	0	0
水热转储/MW(t)	0	0	0	0
反应堆尺寸/m^3	171	172	172	173
热回收蒸汽发生器/m^3	0	0	0	0
回热器/m^3	62	56	51	51
布雷顿系统/m^3	73	70	67	70
朗肯系统/m^3	0	0	0	0
系统体积/m^3	249	246	244	248

通过先进的 NARC 系统与先进的 NACC 系统的比较,人们可以发现许多与近期系统比较相同的变化。然而,先进的 NACC 系统无法使用回热器,因此 NARC 系统在低得多的压力下运行,热力学效率提高了约 2%。

4.8　小型模块化 NARC 系统的性能变化

只有 2 个部件可以驱动 NARC 系统的敏感性——主热交换器和回热器。两者都对压降和热交换过程的效率很敏感。从主热交换器开始介绍。图 4.14 描述了主热交换器的相对体积与其压力比的函数关系。

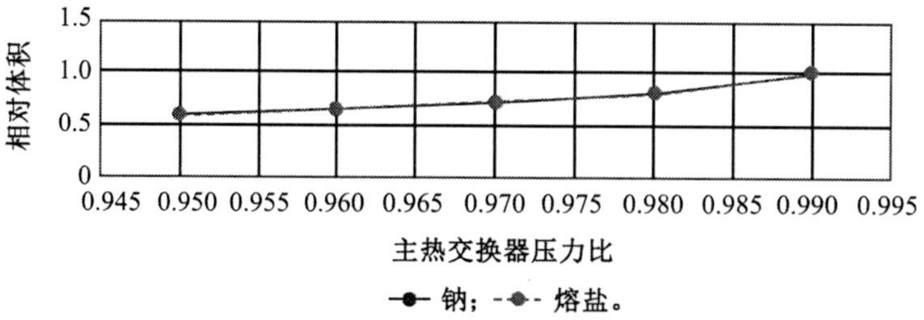

图 4.14　主热交换器的相对体积与其压力比的函数关系

正如预期的那样，近期系统和先进系统对相对体积的影响是相同的；然而，与 NACC 系统相比，NARC 系统的相对体积减小 5%，压力比降低约 5%。

与 NACC 系统相比，主热交换器压力比的变化对 NARC 系统的热力学效率的影响更大。在这种情况下，主热交换器压力比每降低 1.0%，近期系统的热力学效率就会降低 1.3%。对于先进系统，主热交换器压力比每降低 1%，热力学效率就会降低 1%。这是在考虑到零部件性能的变化时所观察到的系统效率的最大变化。

图 4.15 描述了系统相对体积与主热交换器压力比的函数关系。与之前的 NACC 系统一样，主热交换器压力比的变化对近期钠系统的整体体积增加的影响比对先进熔盐系统的影响要大得多。

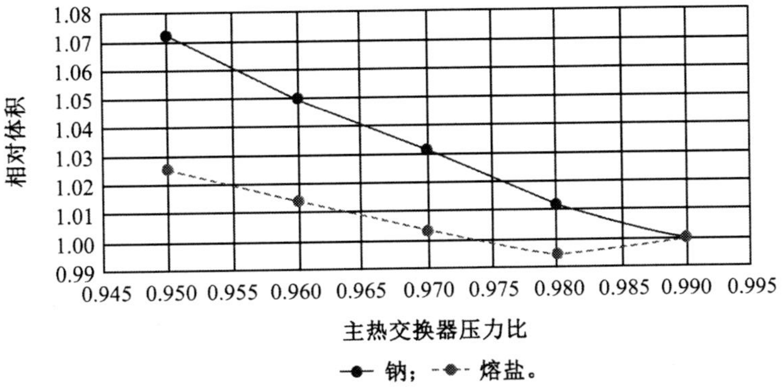

图 4.15　系统相对体积与主热交换器压力比的函数关系

图 4.16 描述了主热交换器效率对其相对体积的影响。将效率降低 20% 可将热交换器的相对体积减小 60%。这与 NACC 系统所实现的减少量基本相同。与主热交换器压力比的影响相反，主热交换器效率的变化对系统体积的影响可以忽略不计。主热交换器的效率仅影响其尺寸，不影响其他系统组件的尺寸。同样，近期系统和先进系统的两条曲线是相同的。

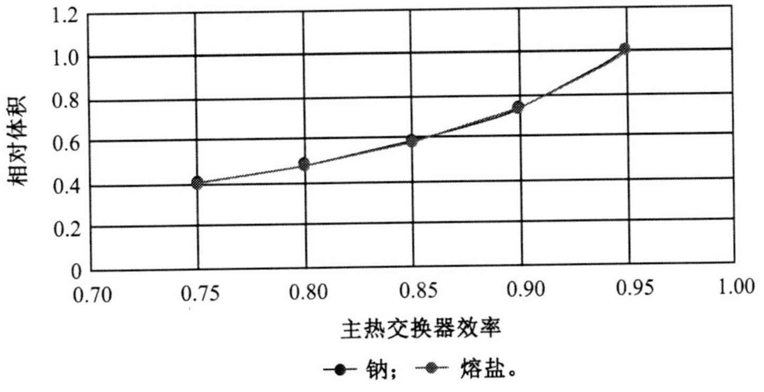

图 4.16　主热交换器效率对其相对体积的影响

鉴于此分析指定了进入涡轮机的温度，因此无法确定主热交换器效率对系统热力学效率的影响。

NARC 系统的回热器压力比和效率对系统相对体积与效率的影响是显著的。首先考虑压力比的影响。图 4.17 描述了回热器压力比对其相对体积的影响。

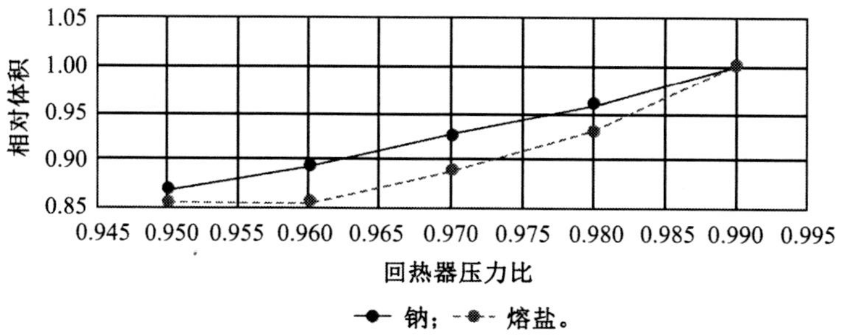

图 4.17　回热器压力比对其相对体积的影响

与主热交换器不同的是，回热器压力比的变化对系统相对体积的影响很小，压力比变化 5%时影响小于 1%。

热力学效率随回热器压力比呈线性变化。近期钠系统压力比每降低 1%，系统效率降低 0.9%，先进熔盐系统每降低 1%，系统效率降低 0.67%。

图 4.18 描述了回热器相对体积与其效率的关系。

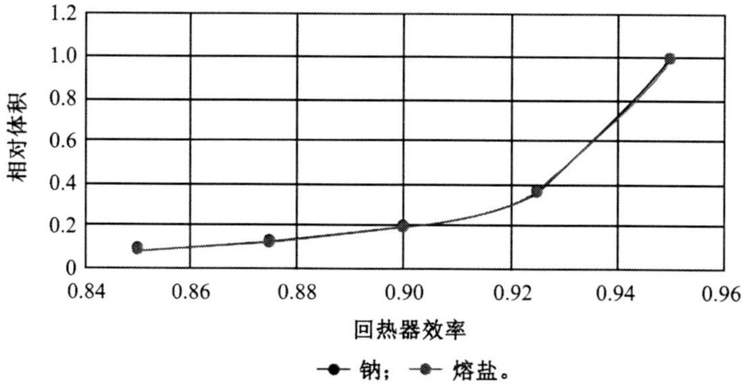

图 4.18　回热器相对体积与其效率的关系

通过将所需的效率降低 5%，尺寸会迅速下降。0.9 效率的回热器的尺寸仅为 0.95 效率的回热器的 20%。通过将效率再降低 5%可以实现尺寸再减小 10%，但除此之外，尺寸的下降趋于平稳，并没有那么显著。还需要注意的是，近期系统和先进系统的曲线是重合的。

图 4.19 描述了调整回热器效率对整个 NARC 系统的影响。

对于这些情况，回热器在整个系统体积中所占的比例并不大。为回热器选择的设计非常激进，随着回热器在系统体积的所占比例的增大，其变化对系统体积的影响将更加显著。

回热器效率对系统热力学效率的影响，对于近期钠系统每 1%为 0.77%，对于先进熔盐系统每 1%为 0.89%。

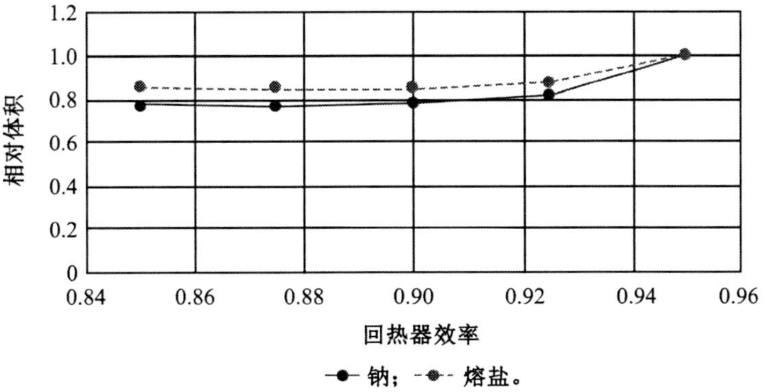

图 4.19 调整回热器效率对整个 NARC 系统的影响

4.9 小型模块化中间冷却 NARC 系统的预测性能

所有空气-布雷顿系统都会失去效率，因为需要做更多的功来压缩空气。随着空气被压缩，它会升温，并且需要做越来越多的功来压缩它。克服这一限制的一个解决方案是将压缩机分成两部分，并在空气离开压缩机的前半部分之后对其进行冷却。这导致压缩机的后半部分处理较冷的空气并将较冷的空气输送到主热交换器。由于现在必须在主热交换器中对空气进行更多加热，因此效率会下降。但如果系统进行回热，回热器通常可以恢复损失的热量。换句话说，中间冷却是提高效率的好主意，但要达到预期的效率提升，系统必须有回热器。

近期中间冷却 NARC 系统的性能特点见表 4.6。同样，热力学效率不会因所涉及的再热循环或涡轮机的数量而显著变化。效率提高了约 3%，压力增加了 0.75～1.50 个大气压。系统尺寸与非中间冷却 NARC 系统非常相似，回热器缩小，以为中间冷却器腾出空间。

表 4.6 中间冷却 NARC 系统的性能特点

特征	2 透平	3 透平	4 透平	5 透平
电功率/MW(e)	50	50	50	50
效率/%	45.110	45.480	45.510	45.380
热功率/MW(t)	110.800	109.900	109.900	110.200
临界功率比	3.251	3.595	4.119	4.429
透平入口温度/K	783	783	783	783
透平出口温度/K	680	705	720	730
空气质量流量/(kg/s)	454.600	398.100	370.100	353.300
水质量流量/(kg/s)	0	0	0	0
布雷顿功率/MW(e)	50	50	50	50

表 4.6(续)

特征	2 透平	3 透平	4 透平	5 透平
朗肯功率/MW(e)	0	0	0	0
水热转储/MW(t)	24.100	24	24.100	24.300
反应堆尺寸/m^3	181	181	180	181
热回收蒸汽发生器/m^3	0	0	0	0
回热器/m^3	81	69	63	60
布雷顿系统/m^3	127	111	105	102
朗肯系统/m^3	0	0	0	0
系统体积/m^3	316	299	292	290

先进的熔盐中间冷却 NARC 系统的性能特点见表 4.7。这是最终实现超过 50%效率的系统。

表 4.7　先进的熔盐中间冷却 NARC 系统的特性

特征	2 透平	3 透平	4 透平	5 透平
电功率/MW(e)	50	50	50	50
效率/%	52.010	52.360	52.460	52.430
热功率/MW(t)	96.100	95.500	95.300	95.400
临界功率比	3.949	4.594	5.138	5.381
透平入口温度/K	948	948	948	948
透平出口温度/K	808	843	863	878
空气质量流量/(kg/s)	282.600	249.500	230.800	223.900
水质量流量/(kg/s)	0	0	0	0
布雷顿功率/MW(e)	50	50	50	50
朗肯功率/MW(e)	0	0	0	0
水热转储/MW(t)	17.900	17.800	17.900	17.900
反应堆尺寸/m^3	167	166	166	166
热回收蒸汽发生器/m^3	0	0	0	0
回热器/m^3	46	38	36	35
布雷顿系统/m^3	75	67	64	64
朗肯系统/m^3	0	0	0	0
系统体积/m^3	246	237	233	234

同样,系统效率不太依赖于再热循环或涡轮机的数量。效率提高了约 2.5%,压力增加

了 1~2 个大气压。质量流量约为非中间冷却先进 NARC 系统的 2/3。系统体积非常相似，中间冷却系统略小。

4.10 小型模块化中间冷却 NARC 系统的性能变化

由于之前已经讨论了 NARC 系统的回热器和主热交换器问题，因此这里仅讨论中间冷却器的压力比和效率的敏感性。如图 4.20 所示，中间冷却器压力比对其尺寸仅具有中等程度的影响。还需注意，近期系统和先进系统的效果相同。

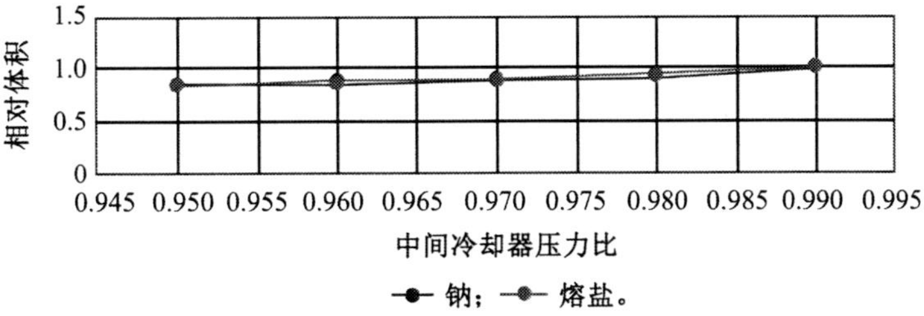

图 4.20 中间冷却器相对体积与其压力比的函数关系

系统热力学效率再次与中间冷却器压力比呈线性关系，近期系统压力比每降低 1%，效率就会降低 0.31%。中间冷却器压力比每降低 1%，先进系统效率降低 0.24%。

与回热器有些相似，中间冷却器的体积随其效率而显著降低。图 4.21 描述了这种敏感性的关系。在效率下降 20%的情况下，中间冷却器的尺寸减小了 81%。然而，这不会对整个系统尺寸产生显著影响，因为回热器在一定程度上进行了补偿。随着中间冷却器尺寸从其额定值下降到该值的 19%时，两个系统的整体尺寸减小不到 1.5%。

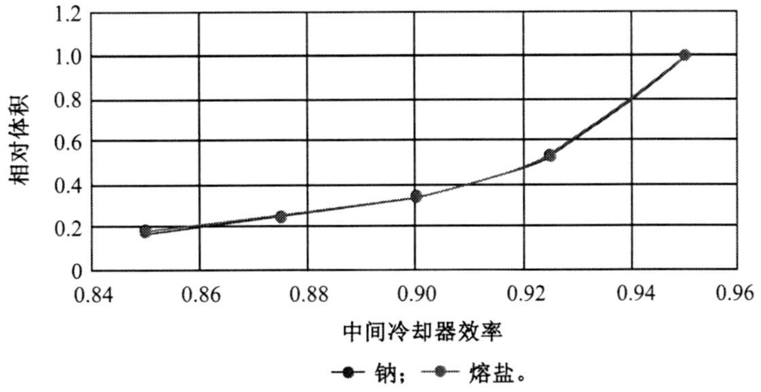

图 4.21 中间冷却器相对体积与其效率的函数关系

中间冷却 NARC 系统的热力学效率对中间冷却器的效率最不敏感。近期中间冷却器的效率每降低 1%，热力学效率仅降低 0.084%。对于先进的系统，效率降低 1% ，整个系统的热力学效率仅降低 0.083%。

4.11 结　论

NACC 系统和 NARC 系统的性能已针对近期钠冷系统与先进的熔盐冷却系统进行了评估。两种系统都实现了明显优于当前轻水堆系统的合理热力学效率。然而,效率可能不是开发先进小型模块化反应堆的驱动因素。NACC 系统和 NARC 系统的所有主要组件都考虑了效率与规模的敏感性。空气-布雷顿系统与燃气轮机系统非常相似,可以采用这些系统的大部分技术。

燃气轮机产业基础非常大。NACC 系统和 NARC 系统吸收废热所需的环境水要少得多,而简单的回热系统则不需要。由于空气-布雷顿系统的空气工质没有被消耗,它可以被重新加热和膨胀数次。这为 NACC 系统和 NARC 系统增加了很大的灵活性。其他优点将在后面的章节中讨论。

参考文献

[1] American Nuclear Society. 2019. *Nuclear News*, 21st Reference Issue, March.

[2] Buongiorno, J, M. Corradini, J. Parsons, and D. Petti, Co-Chairs. 2018. *The Future of Nuclear Energy in a Carbon-Constrained World, an Interdisciplinary Study*, Cambridge, MA: Massachusetts Institute of Technology.

[3] Zohuri, B., and P. McDaniel. 2018. *Combined Cycle Driven Efficiency for Next Generation Nuclear Power Plants, An Innovative Design Approach.* 2nd ed. Cham: Springer Nature.

[4] Wakil, M.M. 1984. *Powerplant Technology.* New York: McGraw-Hill International Editions.

[5] Dostal, V., M.J. Driscoll, and P.A. Hejzlar. 2004. *A Supercritical Carbon Dioxide Cycle for Next Generation Nuclear Reactors*, Tech Rep MIT-ANP-TR-100, Massachusetts Institute of Technology, Cambridge, MA.

[6] Waltar, A.E., D.R. Todd, and P.V. Tsvetkov, eds. 2012. *Fast Spectrum Reactors.* New York: Springer Science.

[7] Wilson, D.G., and T. Korakianitis. 1998. *The Design of High-Efficiency Turbomachinery and Gas Turbines.* 2nd ed. Upper Saddle River, NJ: Prentis-Hall, Inc.

[8] Korpela, S.A. 2011. *Principles of Turbomachinery.* Hoboken: John Wiley & Sons, Inc.

[9] Blumberg, T., M. Assar, T. Morosuk, and G. Tsatsaronis. 2017. Comparative exergoeconomic Evaluation of The Latest Generation of Combined-Cycle Power Plants. In *Energy Conversion and Management*, vol. 153, 616–626. Amsterdam: Elsevier.

[10] Kays, W.M., and A.L. London. 1998. *Compact Heat Exchangers.* 3rd ed. Malabar: Krieger Publishing Company.

第5章　先进小型模块化反应堆和环境考虑

一些核电支持者主张发展小型模块化反应堆，以解决大型反应堆面临的问题，尤其是成本飙升、安全问题和放射性废物处理问题。遗憾的是，小型反应堆不仅无法解决这些问题，而且可能会加剧这些问题。尽管小型模块化反应堆设计激增，但至今没有一个获得美国核管理委员会的认证。美国核管理委员会曾表示，在2012年收到了首份小型模块化反应堆的设计认证申请。目前人们正在讨论论证3种通用类型的小型模块化反应堆，并可能在美国部署[1]。

5.1　介　　绍

核能作为唯一的无碳能源，在关于全球气候变化的辩论中占据独特的地位。

(1)已经在大规模地为世界能源供应做出贡献。

(2)如果安全、防扩散、废物管理和经济竞争力等挑战得到解决，则具有扩大的潜力。

(3)技术完全成熟。

使用核电站发电有两个主要的环境考虑因素。这些都是放射性物质，如果释放到环境中以及消耗或加热淡水，可能会造成危险。淡水的消耗可能是一个环境问题，这似乎很有趣，但作者 McDaniel 在1966年获得核工程硕士学位，然后去参加越南战争4年之后，在1970年的第一个地球日了解到核电站的热污染是一个主要的环境问题。事实并非如此，但这是环保活动家在不看真实情况下决定批评的另一件事。令人担忧的是，核电站的运行效率不如化石发电厂；他们不得不将更多的热量排放到我们的淡水河流中。过去和现在有很多的化石发电厂在运行，这一事实似乎并不重要。然而，缺乏淡水是目前核电扩张的一个问题，因为至少在位于亚利桑那州的帕洛维德核电站因缺水而被限制扩张。由于在美国，大约41%的可用淡水用于冷却发电厂、化石燃料和核能，因此这可能是一个在未来变得更糟的问题。

5.2　放射性废物

自从20世纪50年代核能诞生以来，放射性废物就被认为是一个环境问题。目前，美国正在处理“冷战”时期核武器项目产生的核废料，将其储存在新墨西哥州地表以下2 000 ft的地下盐层中。盐层处理是早期美国国家科学院关于废物处理的研究建议。盐层相对容易开采，废物放置后往往会塌陷在废物容器上，并将其埋葬得相当好。盐的主要成分氯也是一种很好的中子吸收剂，在处理可裂变材料时可以减轻许多再临界性问题。然而，当燃料棒从运行中的反应堆中取出时，它们会继续产生足够的热量，因此在盐层处理是一个坏主意。

美国曾提议在内华达州的尤卡山项目中建立一个大型花岗岩储存设施，用于储存乏燃料棒。该设施的许可文件得到了核管理委员会的批准,但由于政治考虑而被搁置建设。选择了一个花岗岩储存/处置设施,以便在设施不足时可以回收任何储存的乏燃料棒,或者可以回收燃料棒进行后处理。如果可以接受,估计花岗岩设施的成本是盐处理设施的 2 倍。

目前,乏燃料棒被储存在运行中的反应堆场址或附近的地上。在可以建立更长久的设施之前,这些被视为临时储存设施。

大量的研究资金正在用于储存桶的性能问题上。临时储存可能会持续一段时间,这可能不是一件非常糟糕的事情。只要放射性燃料棒被妥善收容,它们就不会对安全或环境构成威胁。在储存它们的同时,美国有机会制定有效的最终处置策略。

轻水堆燃料棒含有大量钚和大量铀,主要是^{238}U。如果可以对燃料棒进行再加工,并提取钚和铀,它们就可以装入另一个反应堆并继续燃烧。这个过程并不那么简单,但众所周知,^{238}U 可以在核反应堆中转化为裂变钚。据说恩里科·费米(Enrico Fermi)曾评论说:"如果我们能在快堆中生产钚,我们就可以培育出足够多的材料来代替现有的燃料,并生产出足够的燃料来启动新的反应堆。电会很便宜,我们不必为此收费。"

当然,事情并没有那么简单。众所周知,我们可以在快堆中以足够快的速度将^{238}U 转化为^{239}Pu,以产生过量的裂变材料。人们已经对增殖燃料的概念和倍增时间(倍增时间——生产足够的裂变材料以启动第二个反应堆所需的时间)的计算进行了许多研究。但所有这些都包括对从第一个反应堆中取出的燃料进行后处理的系统方法。重要的是要认识到,如果^{238}U 可以转化为裂变钚,它将大大增加可用资源的数量。参考从 Waltar 等的文章中提取的表 5.1[2]。

表 5.1　双燃料循环情景下的铀资源

燃料循环情景	常规资源①	总资源
轻水堆单程燃料循环	80 年	270 年
基于纯燃料的闭式燃料循环	4 800~5 600 年	16 000~19 000 年
快中子谱反应堆换料	—	—

注:①常规资源是指原子能机构估计 130 美元/kg 或更少的资源。

为了获得上述真正大的数字,必须开发具有用于增殖裂变材料的快堆的完全封闭的燃料循环。这将需要一段时间,但只要原始资源安全储存,它始终可以重新处理。

实际上,并不需要通过增殖和再处理来实现铀资源的大部分延伸。如果增殖比率被定义为每个被破坏的原子所产生的裂变材料的原子数,那么该比率必须大于 1.0 才能成功增殖。但是,如果该数字小于 1.0,则大部分^{238}U 燃料会被消耗掉。

小于 1.0 的增殖比率称为转化率,因为非裂变原子^{238}U 正在转化为裂变原子 ^{239}Pu。转换后,^{239}Pu 就可以燃烧了。这将使代表上述资源的大部分^{238}U 的寿命从 80 年延长至 4 800 年。金属燃料快堆的增殖比率可高达 1.63[2],因此有足够的空间"失谐"并达到略低于 1.0 的转化率。

小型模块化反应堆的一个目标是将换料间隔时间延长至数十年,因此需要转换^{238}U 的初始装载以保持反应堆的临界状态。通常,目前的钠冷快堆的燃料燃烧率大约是轻水堆燃烧率的 3 倍。这意味着钠冷快堆的乏燃料材料量是轻水堆产生相同能量的乏燃料材料量的

1/3。我们应该将钠冷快堆燃料的这种燃耗延长 2~3 倍,并使轻水堆乏燃料体积与钠冷快堆乏燃料体积的比率达到 6~9∶1。将储罐减少$\frac{1}{6}$~$\frac{1}{9}$将是一个显著的经济优势。延长燃料燃耗的主要问题是遏制裂变产物,尤其是气态产物,以及对燃料、包壳和结构材料的快速中子损伤。这些问题正在得到解决。

5.3 分区和转换策略

最终,储存的核能废料产生的放射性危害要小于为生产核能而开采的铀,这是非常可取的。这应该在人类文明可以理解的时间范围内完成。这可以通过基于快堆与后处理经济的分区和转换策略来实现。

经过后处理的乏燃料元件需要分为 3 组——裂变产物、钚和铀、超铀次锕系元素。主要的超铀次锕系元素是镎、镅和锔。再加工的钚和铀将被重新制造成新的燃料元件。裂变产物具有高放射性,是重要的热源。如果次锕系元素来自轻水堆再循环计划,则它们代表非常强的中子源。它们需要被移除,以便对钚和铀进行有效的后处理。

次锕系元素代表了 1 000~100 000 年处置设施寿命的主要放射性危害。重要的是将它们从要储存的废物中去除。

为此,我们必须从废物中去除 99.9%的次锕系元素。这在目前的后处理技术能力范围内,应该是可以实现的。具有高转化率的快堆在减少次锕系元素的积累方面具有明显的优势,因为在快中子谱中的裂变俘获截面比比在热中子谱中大得多。参考表 5.2。

表 5.2 轻水堆和钠冷快堆的俘获裂变比

核素	轻水堆谱俘获裂变比	钠冷快堆谱俘获裂变比	钠冷快堆与轻水堆之比
^{237}Np	63.00	5.30	0.084
^{238}Np	0.10	0.05	0.500
^{238}Pu	12.00	0.53	0.044
^{239}Pu	0.58	0.30	0.517
^{240}Pu	396.60	1.60	0.004
^{241}Pu	0.40	0.19	0.475
^{242}Pu	65.50	1.80	0.027
^{241}Am	100.00	7.40	0.074
^{242}Am	1.90	0.19	0.100
^{42m}Am	0.23	0.18	0.783
^{243}Am	111.00	8.60	0.077
^{242}Cm	3.90	1.70	0.436
^{243}Cm	0.16	0.14	0.875
^{244}Cm	16.00	1.40	0.088

事实上，来自仅轻水堆环境的所有超铀元素的平衡循环产生的^{252}Cf 比快堆中的平衡循环产生的^{252}Cf 多得多，^{252}Cf 是一种非常强的中子发射体，约 10^{12} n/g/s。这将产生一个中子源，它是仅回收铀和钚(去除少量锕系元素)的 8 000 倍。对于只有快堆的环境，所有超铀元素的平衡再循环只会产生是仅铀和钚再循环的 150 倍的中子源[2]。很明显，如果再循环变得可以接受，次锕系元素是一个主要问题。快堆在管理方面具有真正的优势。

此外，裂变产物的半衰期要短得多，但在从反应堆中取出后的前 100 年左右是主要的放射性危害。它们具有放射性，因为它们通常含有过量的中子，因此必须通过 β 衰变去除。两种最重要的裂变产物是^{137}Cs 和^{90}Sr，两者的半衰期都约为 30 年。最近，一些日本实验者进行了一系列实验，证明了非放射性铯、锶可以转化为镨和钼[3]。他们通过使氘气流过一层钯薄膜来做到这一点，钯薄膜覆盖着待转化的同位素。他们报告的产物比他们开始使用的反应物多包含 4 个质子和 4 个中子。每个反应物核都与 4 个氘核反应，或者 2 个 α 粒子是 2 个氘核结合反应的结果。他们没有报告中间物质。

如果他们用^{137}Cs 和^{90}Sr 做到这一点，他们就会产生^{145}Pr 和^{98}Mo。^{145}Pr 是放射性衰变到稳定的^{145}Nd，通过 β 发射具有 6 h 的半衰期。^{98}Mo 是稳定的。需要注意的是，在这两种情况下，将质子和中子数量相等的粒子添加到反应物核中会降低所得核中的中子与质子比，使它们更接近 β 稳定性线。我们可以想象，同样的过程可以应用于其他裂变产物(例如，^{99}Tc，一种同位素，在储存多年后，认为是丝兰山处置库的潜在放射性剂量的 50%)。这项技术需要进一步探索。它也许可以扩展到工业规模，并且减轻了很大一部分的早期加热和辐射问题。

5.4 淡水消耗

核电的第二个主要环境影响是淡水的消耗。2015 年，美国每天抽取 3 220 亿 gal 淡水，其中热电每天抽取 1 330 亿 gal 淡水。此外，灌溉每天抽取 1 180 亿 gal 淡水，公共供给抽取量为每天 390 亿 gal 淡水。总取水量比 2010 年减少了 9%。取水量下降最显著的是热电，占总下降量的 89%[4]。据推测，这种下降是由于更高效的发电厂和燃气轮机联合循环发电厂的出现形成的。

燃气轮机联合循环发电厂可以实现接近 60% 的效率。作为比较的基础，一个 50 MW(e)的燃气轮机联合循环发电厂将不得不排放大约 33.3 MW(t)的废热。这将分为热空气和热水，大约 60%进入水中，40% 进入空气中，或大约 20 MW(t)进入水中。这可以与效率为 40%的基本燃煤发电厂进行比较，该发电厂将 75 MW(t)排放到其冷却水中[5]。一个高效的燃气轮机联合循环发电厂可以将其淡水消耗量减少到可比燃煤发电厂的 26.7%。因此，随着更多燃气轮机联合循环发电厂上线，淡水抽取量应该会继续下降，至少在一段时间内是这样。

NuScale 电力公司的小型模块化反应堆的循环效率预计为 31%[6]。因此，它每生产 50 MW(e)，就必须向大气水中排放 111.3 MW(t)的废热，即排放到冷却塔或本地河流中。排放到冷却塔的热量消耗了水，而排放到溪流或河流中的热量将返回到水中，并可以重新用于灌溉或其他类型的取水。

一个 50 MW(e)的近期 NACC 系统将以 34.1%的效率运行，并且需要 36.6 MW(t)或效率为 40%的燃煤发电厂的 49%的排热。一个先进的 NACC 系统将以 45.6%的效率工作，并且需要 25.3 MW(t)的排热或效率为 40%的燃煤发电厂的 34%的排热。一个配备热交换器的 50 MW(e)近期 NACC 系统发电厂将以 41%的效率运行,并且需要 17.7 MW(t)的排热或效率为 40%的燃煤发电厂的 24%的排热。这略低于当前 20 W(t)的燃气轮机联合循环发电厂的能力。

当然,近期和先进的 NARC 系统发电厂将以 0 MW(t)向水中排热。这意味着它们可以放置在地球上任何需要可靠电力的地方。因此,它们可能远离洪水、海啸或其他自然灾害。它们将所有热量直接排放到大气中,这是所有发电厂的最终热阱。近期 NARC 系统的效率为 42.6%,先进 NARC 系统的效率为 49.4%。

最后,中间冷却、回热式 NARC 系统实现了最高的整体效率,但需要为中间冷却器进行适度的排热。近期 NARC 系统将实现 45.5%的效率,并需要 25 MW(t)的排热或大约 40%效率燃煤发电厂的 33%的排热。先进的中间冷却 NARC 系统将实现 52.4%的效率,并且需要 17.9 MW(t)的排热或大约 40%效率燃煤发电厂的 24%的排热,以及略低于 60%效率的燃气轮机联合循环发电厂的排热。

5.5 结 论

基于快中子谱堆芯(可能是钠冷堆)空气-布雷顿能量转换系统的先进小型模块化反应堆可以解决影响未来核电系统的主要环境问题[7]。

参考文献

[1] U.S. Department of Energy Office of Nuclear Energy, *Small Modular Reactors*, Factsheet, February 2010. http://nuclear.energy.gov/pdf Files/fact Sheets/2011_SMR_Factsheet.pdf

[2] Waltar, A.E., D.R. Todd, and P.V. Tsvetkov, eds. 2012. *Fast Spectrum Reactors.* New York: Springer Science.

[3] Iwamura, Y., M. Sakano, and T. Itoh. 2002. Elemental Analysis of Pd Complexes: Effects of D2 Gas Permeation. *Japan Journal of Applied Physics* 41: 4642-4650.

[4] Maupin, M.A., *Summary of Estimated Water Use in the United States in 2015*, Fact Sheet 2018-3035, USGS, June 2018.

[5] Wakil, M.M. 1984. *Powerplant Technology.* New York: McGraw-Hill International Editions.

[6] Ingersoll, D.T., C. Colbert, Z. Houghton, R. Snuggerud, J. Gaston, and M. Empey. 2015. *Can Nuclear Power and Renewables be Friends ?*, Proceedings of ICAPP 2015. Nice, France, paper15555.

[7] Zohuri, B., and P. McDaniel. 2018. *Combined Cycle Driven Efficiency for Next Generation Nuclear Power Plants, An Innovative Design Approach.* 2nd ed. Cham: Springer Nature.

第6章　先进小型模块化反应堆的安全与防扩散问题

安全是每一个有能力为核电站设计反应堆堆芯的国家的责任。安全促进一致性的国际标准和方法,有助于确保核和辐射相关技术的安全使用,并促进各国政府监管部门与核电行业之间的国内外技术合作,以及国际贸易。

6.1　介　　绍

作为 GEN-Ⅳ安全和防扩散方面的一部分,通过国家和国际标准实现的安全也应支持拥有核电站能力的国家履行其国际义务,从而使这些核电站在生产时从辐射和扩散角度得到更安全的保护,并在电网内提供所需的电力。

例如,一项普遍的国际义务是,一国不得从事对在其土地上有或没有核电站的另一国造成损害的活动,如过去几十年发生的三起重大核灾难,包括 2011 年福岛第一核电站核泄漏事故。

与安全相关的国际公约规定了对缔约国更具体的义务。国际一致认为,国际原子能机构的安全标准符合并为全球各国提供基础,以证明它们正在履行这些义务,除了那些不遵守国际原子能机构标准的国家是孤立的核电国家外,几乎没有例外。

传统的反应堆安全系统是"能动"的,因为它们涉及根据指令进行电气或机械操作。一些工程系统是非能动操作的,如减压阀。两者都需要并行冗余系统。固有或完全非能动安全仅取决于对流、重力或耐高温等物理现象,而不取决于工程部件的功能。由于与大型装置相比,小型反应堆具有更高的表面积与体积(和堆芯热量)之比,因此小型反应堆不需要进行大量安全工程(包括大型反应堆的散热)。

表 6.1 简要列出了当前核电站安全系统与小型模块化反应堆安全系统的设计比较。

表 6.1　当前核电站安全系统与小型模块化反应堆安全系统的设计比较

当前核电站安全系统	小型模块化反应堆安全系统
高压安注系统,低压安注系统	不需要能动安全注射系统。采用非能动系统维持堆芯冷却
应急地坑及安全级泵的净正吸入压头(net positive suction head, NPSH)相关要求	没有用于缓解事故的安全级泵;因此,不需要地坑和保护它们的吸力供应
应急柴油发电机	非能动设计不需要应急交流电源来维持堆芯冷却;堆芯热量通过压力容器换热导出
能动安全壳加热系统	不需要,采用非能动安全壳排热

表 6.1(续)

当前核电站安全系统	小型模块化反应堆安全系统
安全壳喷淋系统	不需要喷淋系统来降低蒸汽压力或从安全壳中排出反射性碘
应急堆芯冷却系统(emergency core cooling system, ECCS)启动;仪表与控制(instrumentation and control, I & C)系统。复杂的系统需要大量的在线测试,这会导致核电站的不可靠性和安全系统误启动带来的挑战	更简单或非能动安全系统需要更少的测试,并且不容易意外启动
应急给水系统,冷凝水储存水箱和相关的应急冷却水供应	在没有应急给水系统的情况下排出堆芯热量是显著的安全能力提升

6.2 国际原子能机构标准

国际原子能机构安全标准的地位源自《国际原子能机构规约》,该规约授权该机构为与核和辐射相关的设施及活动制定安全标准,并为其申请做出规定。

安全标准反映了关于保护人类和环境由什么构成的高水平、安全的国际共识。

它们在国际原子能机构安全标准系列中发布,该系列分为以下 3 类。

1.《安全基础》

《安全基础》提出防护和安全的目标、概念与原则,并为《安全要求》提供基础。

2.《安全要求》

《安全要求》制定必须满足的要求,以确保现在及将来保护人类和环境。表述为“必须”的要求受安全基本原理的目标、概念和原则的约束。如果未达到,则必须采取措施以达到或恢复所需的安全水平。《安全要求》使用监管语言使其能够被纳入国家法律和法规。

3.《安全指南》

《安全指南》就如何遵守《安全要求》提供建议和指导。《安全指南》中的建议以“应该”的方式表述。建议采取规定的措施或等效的替代措施。《安全指南》介绍了国际良好做法,并且越来越多地反映了最佳做法,以帮助用户努力实现高水平的安全。每个关于《安全要求》的出版物都附有一些安全导则,可用于制定国家监管导则。

国际原子能机构安全标准需要得到行业标准的补充,并且必须在适当的国家监管基础设施内实施才能充分有效。国际原子能机构出版范围广泛的技术出版物,以帮助各国制定国家标准和基础设施。

除了国家内的监管机构和政府部门、当局和机构外,使用这些标准的还有核工业的当局和营运组织;设计、制造和应用与核及辐射相关技术的组织,包括各类设施的营运组织;用户和其他涉及医学、工业、农业、研究和教育领域的辐射与放射性物质的人,以及工程师、科学家、技术人员和其他专家。国际原子能机构本身在其安全审查和制定教育与培训课程时使用这些标准。

6.3 标准制定过程

安全标准的编制、审查涉及国际原子能机构秘书处和核安全与安保委员会(Nuclear Safety and Security Committee, NUSSC)、辐射安全与安保委员会(Radiation Safety and Security Committee, RASSC)、放射性废物安全标准委员会(Waste Safety Standards Committee, WASSC)和放射性材料安全运输委员会等 4 个委员会,以及监督整个安全标准计划的安全标准委员会(Commission on Safety Standards, CSS)。国际原子能机构所有成员国均可为 4 个委员会的提名专家,并可对标准草案提出意见。安全标准委员会的成员由总干事任命,包括负责制定国家标准的高级政府官员。如图 6.1 所示,其中说明了制定新安全标准或修订现有安全标准的过程。

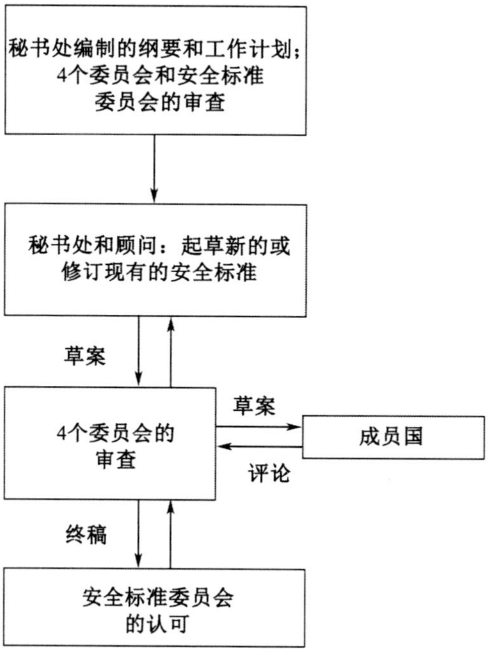

图 6.1 国际原子能机构制定标准的过程[1]

对于安全基本原理和安全要求,安全标准委员会批准的草案提交给国际原子能机构理事会,以允许出版。《安全指南》经总干事批准后出版[1]。

通过这样的过程,安全标准逐渐代表了国际原子能机构成员国的共识。在制定标准时人们考虑了联合国原子辐射影响科学委员会(United Nations Scientific Committee on the Effects of Atomic Radiation, UNSCEAR)的调查结果和国际专家机构,特别是国际辐射防护委员会(International Commission on Radiological Protection, ICRP)的建议。一些标准是与联合国系统中的其他机构或其他专门机构合作制定的,包括联合国粮食及农业组织、国际劳工组织、经济合作与发展组织核能署、泛美卫生组织和世界卫生组织。

安全标准不断更新:发布 5 年后,将对其进行审查以确定是否需要修订。

6.4 标准的应用与范围

《国际原子能机构规约》规定安全标准对国际原子能机构本身的业务和各国在国际原子能机构协助的业务方面具有约束力。任何国家如果希望与国际原子能机构订立关于国际原子能机构以任何形式援助的协定,都必须遵守与协定所涉活动有关的安全标准的要求。

国际公约也包含与安全标准类似的要求,并使其对缔约方具有约束力。安全基本原则被用作制定《核安全公约》和《乏燃料管理安全和放射性废物管理安全联合公约》的基础。《核或放射应急准备和响应:安全要求》反映了《及早通报核事故公约》和《核事故或辐射紧急情况援助公约》规定的各国义务[1]。

纳入国家立法和法规并以国际公约与详细国家要求为补充的安全标准为保护人员及环境奠定了基础。然而,也有一些特殊的安全方面需要在国家层面逐案评估。例如,许多安全标准,特别是那些涉及安全规划或设计方面的标准,旨在主要申请新设施和活动。一些按照早期标准建造的设施可能无法完全满足国际原子能机构安全标准中规定的要求和建议。将安全标准应用于此类设施的方式由各个国家决定[1]。

注意,国际原子能机构的许多安全标准要求并未针对特定的一方,这意味着适当的一方或多方都应负责履行这些要求。

6.5 总体安全性

在1979年三里岛和1986年切尔诺贝利事故,以及最近于2011年3月的日本福岛核泄漏事故之后,核电几乎失宠,一些国家叫停了核电计划。对气候变化和空气污染的担忧,以及对电力需求的增长,导致许多政府重新考虑他们对核电的厌恶。核电排放的二氧化碳很少,并具有了令人印象深刻的安全性和可靠性记录。一些国家逐步改变了对核电的淘汰计划,一些国家延长了现有反应堆的使用寿命,许多国家制定了建造新反应堆的计划。

尽管对核能存在这些方面的担忧和问题,我们仍然面临着为什么我们仍然需要核能作为清洁能源的事实,特别是当我们处理可再生能源的争论时[2]。

今天,全世界大约有60个核电站正在建设中,这将增加约60 000 MW的发电量——相当于世界目前核电容量的1/6——但在2011年3月日本福岛核泄漏事故之后,这一运动已经失败。

核电在提供清洁和可靠电力方面的记录与其他能源相比毫不逊色。较低的天然气价格(主要是新近获得页岩气的结果)使高效燃气发电厂可以通过取代旧的、效率低下的燃煤发电厂来相对较快地减少二氧化碳和其他污染物的排放,这一前景更加光明,但天然气的历史波动性使公用事业公司对把所有鸡蛋都放在一个篮子里持谨慎态度。此外,从长远来看,燃烧天然气仍然会释放过多的二氧化碳。风能和太阳能正变得越来越普遍,但它们的间歇性和可变供应使它们在缺乏足够的电力储存方式的情况下不适合大规模使用。

与此同时,由于环境问题和潜在厂址数量较少,水电在美国的扩张前景非常有限[3-4]。

反应堆的稳定性是任何核电站安全的一部分,人们应该把它作为这种能源的设计和运行的一部分来考虑。了解核反应堆的时间相关行为及其控制方法对于核电站的运行和安全至关重要。Zohuri 为核工程领域的研究人员与工程师提供了关于核反应堆动力学和控制的基本理论、实际核电站的最新实践,以及如何将两者联系起来的想法的非常通用而又全面的信息[5]。从安全可靠运行的角度看,工程设备的动态性和稳定性影响其经济性与运行性。Zohuri 的书的第 13 章[5],讨论了当今反应堆核电站设计实践的现有知识及其稳定性,以及设计人员可用的技术。尽管如此,稳定的发电过程永远无法保证。各种各样的不稳定行为会破坏动力设备,包括机械振动、控制设备故障、不稳定的流体流动、不稳定的液体沸腾或它们的组合。安全管理系统的故障和弱点是大多数事故的根本原因[5]。

传统核电站涉及的安全和资本成本挑战可能相当大,但处于开发阶段的一类新型反应堆有望解决这些问题。这些被称为小型模块化反应堆的反应堆可产生 10~300 MW 的功率,而不是典型反应堆所产生的 1 000 MW。整个反应堆,或者至少是大部分反应堆,可以在工厂建造并运到现场进行组装,在那里可以将几个反应堆安装在一起组成一个更大的核电站。小型模块化反应堆也具有吸引人的安全功能。它们的设计通常包含自然冷却功能,可以在没有外部电源的情况下继续运行,并且将反应堆和乏燃料储存池放置在地下更加安全。

由于小型模块化反应堆比常规核电站小,单个项目的建设成本更易于管理,因此融资条件可能更优惠。并且因为它们是工厂组装的,所以现场施工时间更短。公用事业公司可以逐步建立其核电容量,根据需要增加额外的反应堆,这意味着它可以更快地从电力销售中获得收入。这不仅有助于发电厂所有者,也有助于客户,他们现在越来越多地被要求支付更高的费率来为明天的发电厂提供资金[6-7]。

在美国联邦预算面临巨大压力的情况下,很难想象纳税人会资助一项新的核技术示范堆。但是,如果美国停止创造新的清洁能源选择——无论是小型模块化反应堆、可再生能源、先进电池,还是碳俘获和封存——美国人将在 10 年后回首往事时感到遗憾。在满足美国能源和环境需求的经济上可行的方案将减少,国家在全球技术市场上的竞争力将下降。

今天,在美国范围内,大约有 100 个核电站正在运行,而全世界只有大约 400 个,它们全部使用轻水堆技术。凭借经验和改进计划的优势,该计划已准备好作为 GEN-Ⅲ+的一部分投入运营,随着时间的推移,性能将不断提高,这将在美国提供更高的效率及至少 90%或更高的机组容量系数。

记住,容量因子是发电厂实际年发电量与最大年产能之比,而全球容量因子约为 75%,低于美国最近达到的水平;在美国以外也观察到类似的容量因子改善趋势。

因此,整个核燃料循环安全运行的部分是一个值得关注的参数,我们在前面提到了一些,应该包括对核运行人员的继续培训、恐怖袭击的威胁作为一部分不扩散和扩散核电站上线或退出的担忧,以及核燃料循环安全(包括这些核电站的核燃料后处理)[8]。

由于安全是核电装置的一部分,我们需要考虑国内或国际恐怖袭击对这些设施和装置的侵害。一方面,专家得出的结论是,土建工程和安全规定使核电站成为硬目标。另一方面,这些危害的规模以前在评估严重反应堆事故时被认为是极其罕见的。问题是哪些新的安全措施(如果有)是合适的? 我们相信没有简单且一刀切的答案。这取决于许多因素,包括威胁评估、核电站位置、设施设计、政府安全资源和实践。因此,核电站安全是评估安全风险的良好起点[8]。

核电站安全考虑了自然的外部事件,如地震、龙卷风、洪水和飓风。火灾或爆炸造成的恐怖袭击类似于外部自然事件对放射性的破坏和释放的影响。安全壳建筑和结构的强度是攻击的主要障碍和强硬目标。

电力研究所(Electric Power Research Institute, EPRI)对飞机失事和核电站的结构强度进行了评估,得出的结论是美国的安全壳不会被破坏[9]。

美国核管理委员会正在进行自己的评估,包括在桑迪亚国家实验室进行的结构测试,但尚未完成。对危害和保护行动进行广泛的调查与评估是为了做出充分保护的决定。此类调查必须从确定可能的攻击模式和设计及位置相关的漏洞开始。它还必须确定新设计、即将退役的旧核电站和中年核电站的一系列安全选择的成本效益;还需要与将承担核电计划的国家政府和支持机构共享信息,以便提供有效的情报和安全。

6.6 设计中的通用安全考虑事项

国际原子能机构详细地描述了安全目标和概念,核电站的安全性在本章末尾的参考文献[10]和[11]中有详细介绍,在此简要说明如下。

(1)通用核安全目标:通过在核设施中建立和维持有效的放射性危害防御措施,保护个人、社会和环境免受伤害。

(2)辐射防护目标:确保在所有运行状态下,核设施内的辐射暴露或由于设施中放射性物质的任何计划释放而导致的辐射暴露保持在规定限值以下,并在合理可实现的情况下尽可能低,并确保减轻任何事故的辐射后果。

(3)技术安全目标:采取一切合理可行的措施预防核设施事故,并在事故发生时减轻其后果;以高度的信心确保,对于在核设施设计中考虑到的所有可能的事故,包括极低概率的事故,任何放射性后果都是轻微的并低于规定的限值;确保发生具有严重放射性后果的事故的可能性极低。

(4)安全目标要求核设施的设计和运行将所有辐射照射源置于严格的技术与行政控制之下。然而,辐射防护目标并不排除人员的有限的照射或合法授权数量的放射性物质从运行状态的装置中释放到环境中。但是,此类照射和释放必须受到严格控制,并且必须符合操作限制和辐射防护标准。

如前所述,对纵深防御安全概念的要求也在参考文献[11](本书第4.1节)中确立。总之,纵深防御概念在核电站设计中的应用产生了多个层次的防御(固有特征、设备和程序),旨在预防事故并确保在预防失败的情况下提供适当的保护。

在参考文献[11](本书第4.1节)中,新一代核反应堆(即本书的主题GEN-Ⅳ先进小型模块化反应堆)堆芯的设计需要在切实可行的范围内防止3类事件,以确保保持纵深防御,在此列出如下。

(1)对物理屏障完整性的挑战。

(2)当受到挑战时屏障失效。

(3)由于另一个屏障失效而导致屏障失效。

例如,核电站的设计应确保燃料芯块不会释放过多的放射性裂变产物;燃料不会威胁燃料包壳的完整性;燃料包壳的完整性在所有运行条件和瞬态条件下尽可能保持;燃料包壳的失效不会传播并导致反应堆容器或压力管道的故障。我们还应考虑堆芯行为对其他屏障的任何结果影响,以确保堆芯设计完全满足要求的意图[11]。

针对运行状态和各种事故工况,在堆芯设计中我们应考虑以下3个基本安全功能。

（1）反应性的控制。

（2）从堆芯排出热量。

（3）放射性物质的封闭和运行排放的控制，以及意外放射性释放的限制。

我们应通过合理设计堆芯及其相关系统来确保这些功能的执行，以确保它们的性能和稳健性。

作为这些标准的一部分，堆芯设计应尽量减少各种假设始发事件的不利影响（见本书第4.7节和参考文献[11]的附录Ⅰ；另见《安全指南》第3节中的标题“安全分析”）。此外，当核电站的运行寿命期内发生重大配置更改时，需要审查堆芯设计，并在必要时进行相应修改，如下。

（1）使用混合氧化铀和氧化钚（混合氧化物）燃料。

（2）燃料组件的燃耗增加。

（3）燃料循环持续时间增加。

（4）核电站额定功率增加。

堆芯的结构、系统和组件应根据适当的国家或国际工程规范与标准或实践（参考文献[11]的第3.6节）进行设计、制造、安装、建造、测试、检查。

总之，在考虑一般设计特征时应考虑以下因素：在核电站的整个运行寿命期内，适当的安全裕度、辐射防护安全标准、静态和动态载荷、反应性增加的最大速率和数量、事故后再临界性、整个核电站运行寿命期间的检查和测试（参考文献[11]的第6.1~6.5节）。

此外，对于运行状态，无论是正常运行还是预期运行事件，都需要保持燃料元件的完整性；对于设计基准事故，需要确保对燃料元件的任何损坏保持在最低程度（参考文献[11]的第6.1节和6.35节）。反应堆堆芯的部件及其相关结构的设计应考虑在设计基准事故期间和之后要实现的安全功能（例如，反应堆停堆、堆芯紧急冷却、长期稳定冷却和反应性控制，以及放射性物质的限制）。减轻超设计基准事故的方法在参考文献[11]的第5.31节中有介绍。

6.7 堆芯设计的通用安全性分类

需要在反应堆堆芯的结构、系统和部件的设计与布局中做出适当的规定，以确保在所有运行状态（包括维护、测试、检查及退役）下对公众和现场人员的辐射剂量，不超过授权的限制，并且尽可能低。

参考文献[11]第6.6~6.20节中给出了堆芯设计的附加要求，标题为“燃料元件和组件”“反应堆堆芯的控制”和“反应堆停堆”。以下给出了相关的设计指导。

1.中子分析设计

反应堆堆芯的设计应使堆芯的反馈特性迅速补偿反应性的增加。反应堆功率应通过反应堆堆芯的固有中子特性、其热工水力特性，以及控制和停堆系统在所有运行状态与设计基准事故工况下启动的能力的组合来控制。当需要快速作用控制或停堆系统时，它们的能力（例如，速度和可靠性）应该完全合理。Zohuri的书中给出了关于固有中子特性和反应系数的更多信息[5]。

此外，运行状态和设计基准事故中正反应性的最大插入率应受到限制，使上段所述的降低反应堆功率的方法能有效地保持堆芯冷却性，最大限度地减少对堆芯的损坏和防止反应堆冷却剂压力边界失效。燃料元件的设计基准应足以防止反应性引发事故的不良后果(例如,通过限制最大燃料焓或燃料焓升)。

另外,我们建议至少应提供两个独立且多样化的停堆系统。这意味着使反应堆在运行状态和设计基准事故中处于次临界状态,并使其保持在这种运行状态。

然而,堆芯功率分布的计算应该在具有代表性的运行状态的设计中进行,以提供用于确定的信息,如下。

(1)操作限制和条件。

(2)安全保护系统的动作整定值。

(3)确保在反应堆堆芯整个使用寿命期间符合设计限值,包括堆芯设计参数的运行规程。

此外,应使用反应性控制系统将反应堆维持在次临界状态,同时考虑到可能的设计基准事故及其后果。在设计中应做出充分的规定,以维持正常停堆、燃料冷却或主冷却系统的完整性暂时失效的核电站状态,例如,当反应堆容器打开进行维护或换料时。

在运行期间,停堆系统应尽可能可测试,以确保系统可按需使用。

2.热工水力设计

作为核电站堆芯设计要素的一部分,热工水力设计限制了诸如最大线性发热率、最小临界功率比、最小偏离核态沸腾比、燃料峰值温度和包壳峰值温度等参数的设定方式应在运行状态下有足够的裕量,以确保燃料元件在设计基准事故工况下的故障率保持在可接受的低水平。

应提供合适的仪表和控制手段,以便能够安全地监测和调整表示堆芯状况的参数(例如,冷却剂流量、冷却剂温度和中子通量),以确保所有运行工况都不超出设计限值,包括换料。此外,需要提供合适的监测仪器,以评估事故工况下堆芯和相关特征的状态。更多信息和知识可以在 Zohuri 的相关书籍中获得[12]。

3.机械设计

堆芯设计的机械设计方面也与反应堆设计的燃料元件有关。燃料元件、控制装置、可燃毒物和燃料组件的设计应确保包壳在其整个寿命周期内的所有运行状态下保持密封。

在燃料元件、控制装置、可燃毒物和燃料组件的设计中,应考虑温度的影响、压力、辐照、裂变产物、静态和动态机械载荷(包括地震载荷)、流动引起的振动,以及组成材料的化学特性的变化。

应提供安全处理燃料组件、控制和停堆装置以及堆芯支撑结构等堆芯部件的方法,以确保它们在运输、储存、安装和换料操作中的完整性。此外,应确保堆芯的结构完整性,以便在运行状态和设计基准事故工况下可以安全地控制、关闭与冷却堆芯。应考虑静态和动态机械载荷,包括热应力,以作用于运行状态和设计基准事故工况。

燃料组件、其他反应堆容器内部构件和反应堆冷却系统的设计应尽量减少由于松散部件的脱落而导致冷却剂流动受阻的可能,以防止在任何运行状态和设计基准事故下的堆芯损坏。

堆芯及其相关部件应设计为在辐照和化学、物理过程的影响下兼容。然而,人们应防止反应性控制装置的不受控制的运动。

6.8 核反应堆设计中的特殊安全考虑

鉴于国际原子能机构提出的安全要求以及反应堆堆芯对安全的核心重要性[11]，人们期望反应堆堆芯的所有部件及其相关结构都应根据其对安全的重要性进行适当分类。

两个安全屏障(燃料本身及其包壳)位于堆芯内部，两个基本安全功能(反应性控制和堆芯冷却)的性能取决于正确的堆芯配置的维护和设备的可用性。此外，如果发生堆芯损坏的事故，它将有可能威胁到安全壳屏障。因此，人们应进行适当的安全分类，并同时进行适当的分析、判断和验证，以确保堆芯的完整性并保持反应性控制和堆芯冷却等基本安全功能的性能。

每个系统和部件失效的后果，包括其对其他系统和部件的可能影响到的后果，应仔细分析以确定适当的分类。

堆芯中的某些设备也可能执行其他《安全指南》范围内的安全功能。在设计此类硬件时，应考虑本书中所提到的《安全指南》和其他相关《安全指南》的建议与指导[13-15]。

燃料元件和组件如下。

作为燃料元件和组件的一部分，我们在本节中同时关注铀燃料和混合氧化物燃料，其中包括以下要素。

1.热效应和燃耗效应

在评估运行状态下燃料芯块的温度时，应考虑芯块热导率的变化以及芯块与包壳之间间隙的热导率的变化，这是由于氧化物致密化、膨胀、裂变产物的积累以及芯块微观结构的其他变化等燃耗相关效应造成的。在确定燃料的熔化温度时，应考虑因燃耗效应引起的燃料成分和微观结构的变化。在所有运行状态下，燃料峰值温度应比燃料熔化温度低足够的裕度，以防止燃料熔化，并考虑到不确定性。

另外，在设计燃料元件时，人们应考虑机械性能(强度、蠕变和应力松弛)的变化以及包壳腐蚀相关行为随温度的变化。因此，人们可以针对不同的操作状态规定应力、长期变形和腐蚀的限制。包壳的应力和应变可能是由于局部功率或内部气体压力增加导致的燃料膨胀或热膨胀引起的，应限制应力和应变。

此外，在设计燃料元件时，应考虑固体和气体裂变产物的影响，其释放速率在很大程度上取决于它们在堆芯停留期间的功率史。人们应考虑气态裂变产物对燃料元件内部压力和芯块与包壳间隙热导的影响；设计中还应考虑裂变产物对包壳的腐蚀作用。由于形成的裂变产物会导致燃料材料膨胀，进而使其材料特性发生变化，例如，导热系数和尺寸变化，在设计中这些变化应考虑在内。

因此，反应堆泄压事件的后果(在正常运行和预期瞬态，如由自动泄压系统启动的情况)应该在安全分析中考虑到包壳失效和从燃料中释放裂变产物的可能性。

2.辐照效应

设计中应考虑辐照的影响，特别是快中子对燃料组件(包括控制装置和可燃毒物)的影响，对冶金特性的影响，如包壳的拉伸强度、延展性和蠕变行为、燃料致密化和膨胀(径向和轴向)，以及对所有材料的几何稳定性的影响。

3.功率水平变化的效应

由于燃料改组、控制装置的移动或其他反应性变化，局部和全局功率瞬变对燃料包壳完整性的影响在设计时应考虑在内。这些功率变化的一种可能影响是由于芯块-包壳相互作用导致的包壳开裂。

由于燃料的燃烧，堆芯和燃料组件中的功率分布在燃料循环期间发生变化。因此，堆芯的过剩反应性和堆芯的反应性系数也发生变化。在堆芯和燃料的设计中人们应考虑到这些现象。在设计堆芯和燃料时人们还应考虑预期功率瞬变对峰值加热速率的影响。

4.燃料元件中的机械效应

应尽量减少在裂变产物存在下由燃料芯块-包壳相互作用引起的应力腐蚀开裂。芯块-包壳相互作用的控制被描述为燃料芯块-包壳相互作用，这是一种应力腐蚀开裂，由燃料芯块在腐蚀剂存在下膨胀并对包壳施加应力而引起的，应予以考虑。

以下几种情况的组合会导致包壳应力腐蚀开裂。

(1)均匀或局部的高拉伸应力，可能是由芯块膨胀时的裂纹开口引起的。

(2)一定浓度的腐蚀性物质，例如碘、镉、铯或其他裂变产物。

(3)长期接触。

当长时间暴露在辐射下，燃料功率快速增加到高功率水平时，燃料故障就会发生。这是由于芯块膨胀导致包壳中的高拉伸应力会使已经腐蚀的包壳开裂。

我们可以考虑以下几种方法来限制由于应力腐蚀开裂引起的故障。

(1)可以通过其他方式降低拉伸应力，如限制功率变化率或燃料元件的预加压。

(2)裂变产物屏障可放置在包壳的内表面。

(3)裂变产物可以通过添加剂固定。

(4)合理的堆芯整体设计可以减少局部功率峰值。

尽管已积累了大量运行经验数据、原型堆试验数据及堆外试验数据，然而对应力腐蚀开裂机理的认知仍存在局限性。现阶段需要通过综合工程经验判断，并结合现有数据库资源及原型燃料试验结果，对燃料元件进行设计验证，以确保所制定的燃料设计方案及相关运行限值能够有效预防由应力腐蚀开裂引发的包壳失效风险。

总之，从结构力学角度分析，燃料包壳在承受冷却剂工作压力时可采取两种设计模式：可坍塌式与自支撑式。自支撑式包壳在外压长期作用下会产生蠕变变形，导致包壳与燃料芯块之间的径向间隙逐渐减小。部分初始状态为自支撑的包壳最终会因蠕变塌陷而与燃料芯块形成接触支撑。相较而言，可坍塌式包壳在外部压力作用下能够快速贴合燃料芯块表面，其服役周期内始终通过燃料芯块外部较冷区域获得结构支撑。针对可坍塌式包壳设计，需严格控制包壳与燃料芯块之间的径向间隙参数，以避免包壳因过度变形产生有害的纵向脊状凸起结构缺陷。

因此，包壳的应力和应变可能是由局部功率增加或内部气体压力增加导致的燃料膨胀或热膨胀引起的。应限制包壳的这种应力和应变，以确保燃料的安全性能不受影响。

因此，人们在燃料设计时应考虑由无支撑静压室的长度、燃料芯块之间的轴向间隙、燃料致密化或其他原因引起的包层的机械载荷。

5.燃料元件的腐蚀和氢化

燃料元件的设计应与所有运行状态下的冷却剂环境相容，包括停堆和换料。腐蚀与氢化在很大程度上取决于包壳材料的特性、温度、氧化物的存在以及应力和应变。液态冷却剂的环境条件，如水的纯度、局部沸腾、压力、温度和液体化学性质等也应考虑在内。在实践中，可通过适当的水化学条件(即保持低含氧量和适当的 pH 值)来控制腐蚀。

氧化或其他易于导致包壳表面形成沉积物的化学变化可能会影响燃料元件的热量传递，因此在热工分析中应予以考虑[12]。在确定运行状态的冷却剂设计的参数范围时，应考虑到对表面氧化和沉积物积聚的相应影响。高燃耗燃料需要在设计中额外考虑，以限制正常运行时的表面氧化。所使用的设计参数应基于操作经验和/或适合操作条件的实验。

此外，应限制锆合金包壳的含氢量，以减少在运行过程中由于包壳脆化而引起燃料缺陷的可能性。为此，应控制燃料元件内自由空间中的水分含量。

6.燃料中可燃毒物的效应

人们应适当考虑燃料中可燃毒物对其热性能，以及燃料与包壳材料的化学、机械和冶金性能的潜在不利影响；应当考虑到，由于可燃毒物的加入，燃料芯块挥发性裂变产物的释放可能会增加；应考虑可燃毒物对堆芯反应性、燃料和慢化剂反应性温度系数以及局部功率峰值因子的影响。

7.燃料组件中热工水力效应

在设计中人们应考虑到取决于燃料元件间距、燃料元件功率子通道、格栅、隔板、支架、导流板或湍流促进器的尺寸和形状的影响。这些影响主要是热工水力影响，但也可能包括局部腐蚀、侵蚀、流动引起的振动和摩擦。稳态功率应保持在允许一定比率或裕量的水平，以避免临界热通量条件。裕量应足以应对预期的运行情况。

本建议的目的是避免由包壳温度高而引起的包壳失效。在某些设计中，如果可以通过其他方法证明包壳温度不超过可接受的极限，则可以容忍瞬态的临界热流条件。

临界参数与实际参数之间的比值可以表示为最小临界热流比、最小离核沸腾比、最小临界通道功率比或最小临界功率比。这些比率导致了水冷堆运行状态的保守设计基础。

临界热流和临界功率比受到燃料组件详细设计与冷却剂条件(例如，由于燃料元件间隔片和局部过冷和/或冷却剂质量造成的局部影响)的影响。实验应在预期的运行工况范围内进行，为确定临界热流的极限值、设计中偏离核沸腾比或临界功率比以及安全性分析提供数据[12]。

6.9 冷却剂

冷却剂应该在高温和核辐射下保持物理与化学上的稳定，以实现其主要功能：从堆芯不断地排出热量。与冷却剂相关的安全考虑应包括如下内容。

(1)确保冷却剂系统在反应堆初次启动之前和在核电站的运行寿命内没有异物与裂变碎片。

(2)通过净化系统适当地去除有缺陷的燃料，使冷却剂的活性保持在可接受的低水平。

(3)考虑到对冷却剂和冷却剂添加物对反应性的影响，特别是在决定反应堆控制系统和停堆系统对运行状态和设计基础事故的能力方面的影响。

(4)确定和控制堆芯冷却剂的物理与化学性质，以确保与堆芯其他部件的相容性，并尽量减少对堆芯冷却剂系统的腐蚀和污染。

(5)确保在运行状态和设计基础事故中有足够的冷却剂供应。

(6)确保堆芯的设计能够防止或控制流量不稳定以及由此引起的反应性波动。

对于某些类型的反应堆,一般做法是确保冷却剂添加物不会使反应性功率系数变为正值[1]。

6.10 堆芯反应性特性及反应性控制方法

正常运行和事故分析极限条件下的堆芯反应性特征,以及正常运行反应性的控制手段,在此以主题的形式进行总结,详见本章末尾的参考文献[1],读者可参考。

具体如下。

1.堆芯反应性特征

根据反应堆堆芯的几何形状和燃料组成,核设计评估提供了中子通量和功率的稳态空间分布、堆芯中子特性、反应堆在动力和停堆条件下正常运行的反应性控制手段的效率。固有中子特性由反应性系数和参数表示。

2.反应性控制手段的类型和效率

应设计控制反应性的方法,使功率水平和功率分布保持在安全的操作范围内。这包括补偿反应性的变化(如与正常功率瞬变相关的变化)、氙浓度的变化等。

3.最大反应性和反应性引入率

应限制反应性控制装置的最大反应性,或应提供连锁系统,以便在相关的设计基础事故中,如压水堆的控制棒弹出或沸水堆的控制棒下降,所产生的瞬态功率不超过规定的限值。这些限制的选择应确保将下列内容限制在可接受的低水平内。

(1)对燃料芯块和包壳的损坏可能导致放射性物质释放到冷却剂中。

(2)熔融的燃料-冷却剂相互作用的风险,可能会破坏堆芯结构,阻碍控制棒的插入。

与连锁系统一起使用的反应性控制装置的布置、分组、退出速度和退出顺序,应设计为确保装置的任何可信的设备异常退出时都不会导致超过规定的燃料限值。

人们在评估这些反应性事故时,还应考虑燃料燃耗和燃料类型(如二氧化铀或混合氧化物燃料)的影响。

4.全局和局部功率控制

应采用反应性控制的方法对堆芯功率进行全局和局部控制,使每个燃料元件和通道的峰值线性热率不超过堆芯任何地方的设计限制。在控制系统的设计中,应考虑到氙不稳定性导致的局部反应性变化所引起的功率分布的变化、冷却剂条件的变化以及磁通探测器位置和特性的变化。

5.可燃毒物的作用

应评估可燃毒物燃尽对堆芯反应性的影响,然后应确保在整个燃料循环过程中,在所有产生的堆芯条件下都有足够的停堆深度。

对于压水堆,为了保持慢化剂的温度系数为负,设计者可以选择减少慢化剂中吸收剂的用量,通过向燃料中添加可燃毒物来恢复吸收效果。可燃毒物也可用于展平功率分布和减少燃料燃烧时反应性的变化。

6.辐照效应

在设计反应性控制系统时,应考虑到辐照的影响,如燃耗、物理性质的变化、气体的产生和吸收材料的膨胀,以及反应堆冷却剂的污染。

6.11 反应堆停堆系统

需要提供各种手段确保反应堆能够达到次临界状态并保持在该状态,前提是在发生单次故障时,当具有最高反应性值的控制棒装置无法插入堆芯时(即假设一个控制棒装置被卡住),堆芯会出现反应性最大的情况。对于某些设计,如重水堆,在这种情况下假设两个具有最高反应性的控制棒装置无法使用。

此外,不同的停堆方式是将负反应性引入反应堆堆芯的各种方式,用于不同的反应堆类型,包括如下内容。

(1)向慢化剂中注入硼。

(2)向慢化剂中注入钆。

(3)慢化剂排放。

(4)插入含有硼、银铟镉合金和铪材料的不锈钢棒、管或十字形板。

(5)钢管中插入镉。

(6)在锆合金管中插入铪和钢棒。

(7)在管内注入液态吸收剂。

这些中子吸收材料的效率将取决于燃料成分、反应堆堆芯设计和堆芯管理。例如,热中子吸收剂(如硼或银镉)的反应性在混合氧化物燃料中比在铀燃料中要低。将堆芯加载方案从“外-内”改为“内-外”,将影响停堆裕量。更多信息,见国际原子能机构的《核电站反应堆堆芯设计》[1]。

总之,设计应确保停堆和反应性保持系统的能力,即使在中子通量最高的堆芯条件下,也能使反应堆保持在次临界状态。这应适用于整个预期运行周期、预期运行事件和设计基础事故中可能发生的整个运行条件和堆芯配置范围。这能够证明以下内容。

(1)通过计算进行设计。

(2)在试运行期间和换料后,通过适当的中子测量和过程测量来确认给定堆芯装载量的计算结果。

(3)在反应堆运行期间,通过测量和计算涵盖实际与预期的反应堆堆芯状况。

如国际原子能机构手册[1]第3.62节所述,这些分析应涵盖假设停堆装置失效的中子通量最大的堆芯条件。此外,如果在停堆系统中发生单个随机故障,则反应性应保持不变。在得到的次临界裕度中,应考虑计算中的不确定性、换料期间堆芯装载量的可能偏差,以及可用的监测范围及其相关的不确定性。停堆裕量的必要绝对值可能取决于反应堆堆芯的设计和进行安全演示的方式。

在国际原子能机构[1]中可以找到关于系统中所需控制棒的数量和反应性价值的更多资料,这些资料在很大程度上取决于该参考文献中指出的因素。

参考文献

[1] IAEA Safety Standards. 2005. *Design of the Reactor Core for Nuclear Power Plants*, Safety Guide, No. NS-G-1.12. Vienna: IAEA.

[2] Zohuri, B. 2017. *Hybrid Energy Systems: Driving Reliable Renewable Sources of Energy Storage.* Springer Publishing Company, New York, NY.

[3] Moniz, E..http://energy.mit.edu/news/why-we-still-need-nuclear-power/

[4] Cohen, B.L. 1983. Breeder Reactors: A Renewable Energy Source. *American Journal of Physics* 51: 75.

[5] Zohuri, B. 2018. *Neutronic Analysis For Nuclear Reactor Systems.* 2nd ed. Springer Publishing Company, New York, NY.

[6] Kanter, J. Is Nuclear Power Renewable, New York Times, 3 August 09.

[7] Chowdhury, D. 2012. *Is Nuclear Energy Renewable Energy.* Stanford Physics Department, Stanford, California.

[8] *The future of nuclear power, an interdisciplinary MIT Study.* 2003. MIT University, Boston MA.

[9] www.nei.org, December 2002, Deterring Terrorism - Aircraft Crash Impact Analyses Demonstrate Nuclear Power Plant's Structure Strength; EPRI Study.

[10] International Atomic Energy Agency. 2000. *Safety of Nuclear Power Plants: Design*, IAEA Safety Standards Series No. NS-R-1. Vienna: IAEA.

[11] ———. 1993. *The Safety of Nuclear Installations*, Safety Series No. 110. Vienna: IAEA.

[12] Zohuri, B. 2017. *Thermal-Hydraulic Analysis of Nuclear Reactors.* 2nd ed. Springer Publishing Company, New York, NY.

[13] International Atomic Energy Agency. 2003. *Design of Fuel Handling and Storage Systems for Nuclear Power Plants*, IAEA Safety Standards Series No. NS-G-1.4. Vienna: IAEA.

[14] ———. 2004. *Design of the Reactor Coolant System and Associated Systems in Nuclear Power Plants*, IAEA Safety Standards Series No. NS-G-1.9. Vienna: IAEA.

[15] ———. 2002. *Instrumentation and Control Systems Important to Safety in Nuclear Power Plants*, IAEA Safety Standards Series No. NS-G-1.3. Vienna: IAEA.

第7章　可靠的电网和可再生能源

由于可再生能源(主要是太阳能和风能)进入供应结构中,因此电网正在迅速变化。这具有重大的经济意义,并将极大地影响核电站或化石燃料发电厂未来的需求曲线。利用太阳能和风能等间歇性能源的唯一解决方案是开发某种形式的储能系统。电和热两种形式的储存都是可能的。最终,成本将决定如何实施这些储存技术。一些能量转换系统将比其他系统更高效。

7.1　介　　绍

未来几年,电网将面临许多变化。过去,成本最低的发电机是基本负荷以覆盖电力需求曲线的恒定部分,然后需要更昂贵且灵活性更大的发电机来覆盖需求的峰值。通常,基本负荷的发电机是煤炭、核能、水力和地热。调峰装置通常是燃气轮机[1]。最近,燃气轮机联合循环装置由于其高效率和需要保持底部蒸汽循环的动力而被引入基本负荷组合。随着光伏太阳能、聚光太阳能(concentrating solar, CS)装置和风力涡轮机农场的出现,电网的电力供应方面发生了巨大变化。太阳能和风能的可用性是间歇性的,取决于天气。然而,两者的燃料成本都是零。另一个限制是两者都不能直接为工业过程提供热量。如果消除由于化石燃料燃烧而排放到大气中的二氧化碳是一项重要的国家目标,那么必须用某种东西取代当前的化石产热系统。

7.2　可再生能源

在考虑电力供应的变化时,太阳能、风能、水力和地热通常被认为是可再生能源。这是因为产生能源的“燃料”来自环境,无须采矿或钻探。有人会说它们是取之不尽的。然而,将这种自由能转化为有用电力的设备确实需要采矿、钻探和制造。目前风力涡轮机的估计寿命为20~25年,但这尚未得到一致证明。由于风力涡轮机的主要部件是旋转机械,因此寿命或可用性曲线并未考虑维护和部件更换要求。太阳能电池板的当前寿命由其退化曲线决定。截至2012年,报告的平均降解率约为每年1.5%[2],2000年后的面板比2000年前的面板表现更好。假设电网上有足够多的太阳能发电厂来平均新旧,这将提供大约13.3年的生命周期,以实现90%的可用性。还需要将太阳能发电转换为电网电压和频率的设备。通常,逆变器和相关转换设备占建造光伏发电所需投资的一半。水电和地热通常被认为具有很长的使用寿命,尽管各自的涡轮机和发电机最终确实需要更换。两者未来优质地点的可用性都受到严重限制。

此外,核能通常被认为是不可再生资源。然而,燃料资源估计可以使用16 000~19 000年[3],这似乎有点短。当前轻水堆的可用性一直保持在90%以上,而且很多都希望达到60年的使用寿命。当然,在这个寿命周期中,必须更换和维护许多主要部件。

最后,可再生能源的最终决定因素是平准化电力成本。这是一个考虑了资本成本、维护成本、燃料成本和补贴的参数。最后一项在尝试比较各种发电机时提出了挑战。核能、太阳能和风能都曾多次得到各种政府机构的补贴,这有点混淆了这个概念。但是,为电网和通过燃料发电的所有要素中的平准化电力成本因素可能是免费的并且可以永久使用;如果将其转化为有用的东西所需的材料并非如此,那么燃料就不是真正的免费。平准化电力成本是目前比较电源"可再生性"的最佳参数。

出于两个原因,化石燃料被排除在讨论之外。首先,人们担心人为引起的气候变化,而化石燃料已被确定为罪魁祸首。其次,所有化石燃料的资源估计数与核燃料的资源估计数不进行比较。这两个原因都不是完全正确的,因为气候变化可能不是由化石燃料燃烧引起的,而且煤炭、天然气和石油的资源估计通常不是基于可用的资源,而是更多地基于已发现的资源。平准化电力成本是将化石燃料纳入可再生性论证的有效方法,包括在必要时控制释放到环境中的二氧化碳影响的惩罚。

7.3 传统需求曲线

实现可靠的电网需要供应商满足需求。图 7.1 给出了 2007 年新英格兰的典型需求曲线。

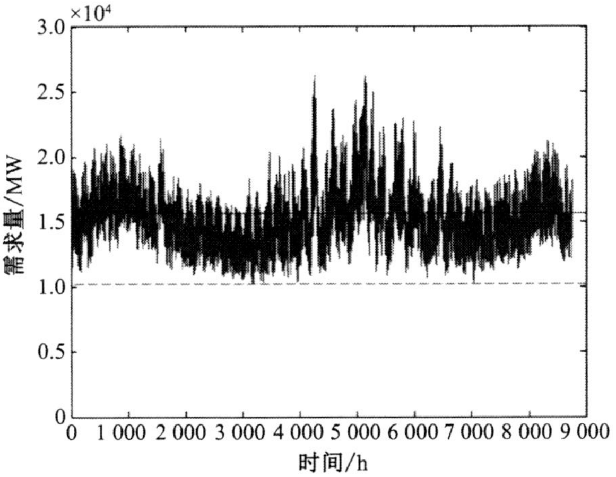

图 7.1 2007 年新英格兰的典型需求曲线

在图 7.1 中有几个特点值得指出。首先,基本负荷需求始终存在。这通常可以通过煤炭、石油、水电和核电站来满足。其次,有许多振荡。波谷在 3 000 h 和 7 000 h 左右,波峰在 1 000 h、5 000 h 和 8 500 h 左右的最广泛波动对应于季节性变化。然后似乎是每周振荡,大概是工作周的高峰和周末的低谷。其中一些振荡似乎是在夏季高峰期间非常大,可能是由于热浪需要更多的中央空调。所有这些振荡都必须通过可调节的电源来满足需求。跟踪曲线底部的核或煤系统可能会遇到季节性波动。必须使用快速响应的系统(如燃气轮机或可能的柴油发电机)来满足每日和每周的振荡。当间歇性发电机被添加到这个组合中时,曲线变得更加振荡。

7.4 太阳能的影响

在进一步讨论之前,需要解决两个定价概念。电力生产商根据第二天的估计需求获得报酬,即每个生产商确定其生产系统的成本以及它可以提供给电网管理者的兆瓦数。这些会一直堆积,直到给定价格下可用的兆瓦数满足预测需求。分配给用于实现目标的最后一个单位的价格就是所有生产者收到的价格。传统上最便宜的是煤炭和核能,但最近天然气联合循环装置已经将它们淘汰了。在这些之后,添加了各种可调装置,主要是燃气轮机。最后添加的燃气轮机的预测成本是分配给所有机组的成本。

第二个定价概念是如何支付补贴。一般来说,补贴是根据生产时间支付或分配的。因此,如果电力成本非常低,因为有很多太阳能装置可用且在线,并且它们都需要生产才能获得补贴,那么它们有可能向电网支付电费。也就是说,电网价格变为负值。如果有足够多的太阳能装置来满足需求,其他人就无法生产,太阳能装置将有效地向电网支付费用以获取电力。

图 7.2 为南加州一个典型春日的电力需求曲线(新增太阳能发电)。

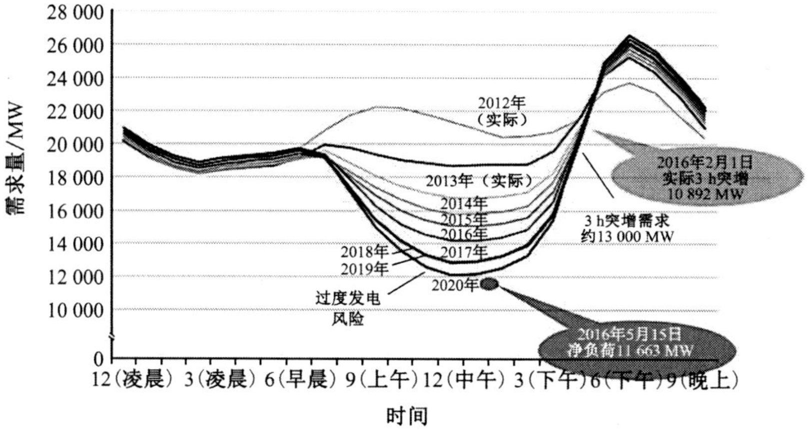

图 7.2　南加州一个典型春日的电力需求曲线(新增太阳能发电)

在图 7.2 中,传统的需求曲线由 2012 年曲线表示。早晨有一个适度的驼峰,然后在下午有一个大的驼峰。随着太阳能的增加,早晨的驼峰消失,中午的低谷加深。这种变化从 2013 年持续到预测的 2020 年,届时最低谷将达到 12 000 MW 左右。2016 年 5 月 15 日的实际记录为11 663 MW,因此已经有几天低于预测的低谷。这种情况会变得更糟,直到谷底变为负值,如“鸭子”曲线所示(图 7.3)。

通过向电网添加过多的太阳能,2012 年温和的双峰值需求曲线已转变为 2017 年的严重峰值需求曲线。注意,这一切都会发生,因为所有太阳能发电厂基本上都在一天中的同一时间,即日照高峰时段生产。当然,这不是总需求曲线,而是具有大量太阳能电力的需求曲线,用于将实际需求曲线转换为其他发电机将面临的需求曲线。

这有很多影响。首先,太阳能在一个年度周期内只能有效供应平均需求的 1/3 左右。它在晚上不起作用,并且在冬天没有夏天那么有效。其次,由于所有太阳能发电厂生产时间相同，不生产时间也相同，大量太阳能的可用性同时压低了所有太阳能生产商的价格，市场很快就饱和了。太阳能发电的价格实际上可能为负，因为发电厂必须向电网支付费用才能获得工作时间从而申请补贴。这具有限制安装太阳能数量的效果。

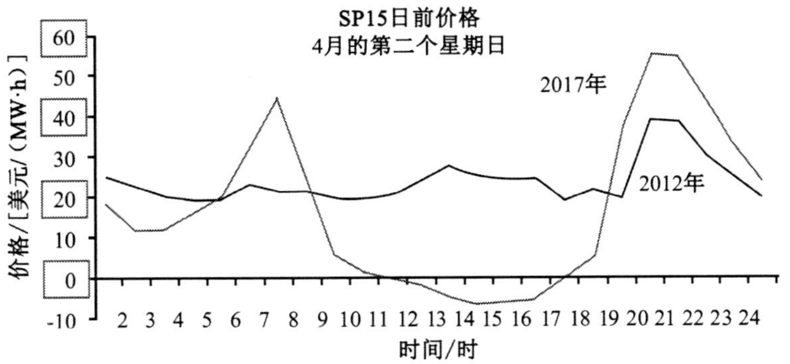

图 7.3　加利福尼亚州“鸭子”曲线

图 7.4 中显示了 5 个国家(意大利、希腊、德国、西班牙和日本)安装的太阳能提供的电力百分比。到 2016 年，除日本以外的其他国家的太阳能装机容量似乎已经达到饱和[4]。所有这些都低于特定年份总发电量的 10%。日本在 2016 年仍在增长，尚未达到饱和。加利福尼亚州在 2016 年实现了 14%。据推测，加利福尼亚州的补贴更高，以便更多的太阳能可以在价格变为负值之前上线。它们都没有达到太阳能理论上可以提供的预测的 33%。已提出电池存储电力作为克服这种影响的一种方法，但要使其有效，必须解决很多问题，更不用说成本了。

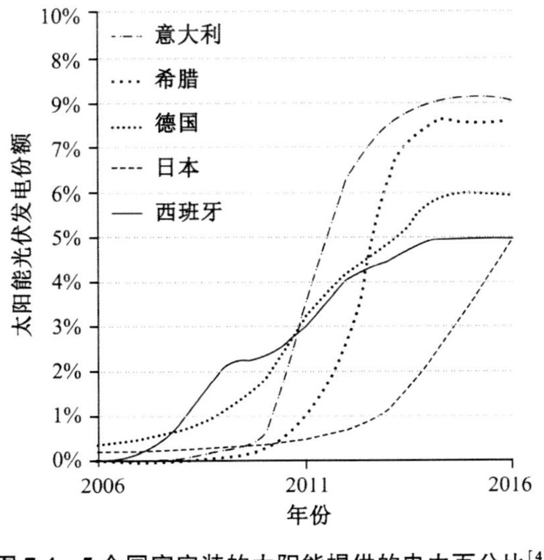

图 7.4　5 个国家安装的太阳能提供的电力百分比[4]

7.5 风能的影响

风能在需求曲线上的振荡效应更大。目前对风能投入最多的国家是德国。

图 7.5 中绘制了两个预测——提前 1 天和提前 1 h,以及 2008 年 11 月中的某几天实际测得的风力发电量[5]。

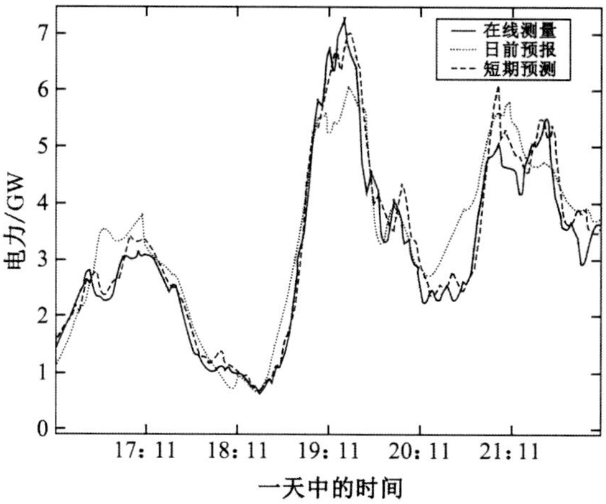

图 7.5 与测得的风力发电量相比,提前 1 天和提前 1 h 的预测[5]

在 6 天的时间内,可用电力从 1 GW 到超过 7 GW 不等。这肯定会扰乱准基本负荷能源生产商的剩余需求曲线。

图 7.6 为 2013—2014 年艾奥瓦州 MEC.PPWIND 节点的日前每小时电价[6]。在收集这些数据时,艾奥瓦州的风力发电装机量是所有州中最多的。

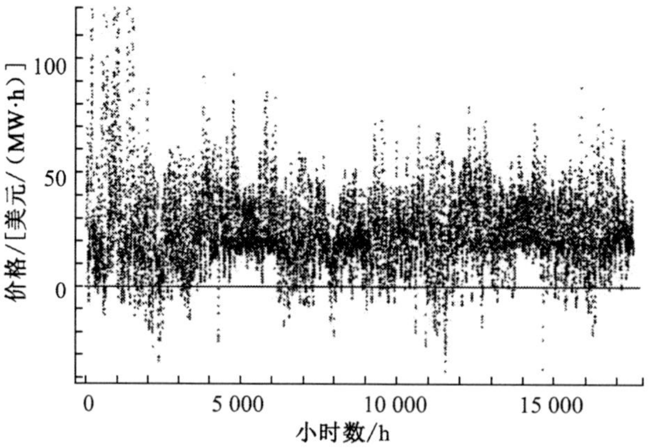

图 7.6 2013—2014 年艾奥瓦州 MEC.PPWIND 节点的日前每小时电价[6]

有两件事非常明显,如下。

(1)每小时价格的波动甚至比上述德国报告的还要大。

(2)大量负电价表明电网风电饱和。

NuScale 电力公司进行了一项非常有趣的模拟实验,将他们的反应堆连接到具有大致相同电力容量[50 MW(e)] 的风电场,以满足 1 天的发电需求[7]。

从现实的总需求曲线中减去 Horse Butte 风电场的典型发电日,以生成 NuScale 电力公司的反应堆的需求曲线。

核系统所需的振荡与风电场的振荡完全互补。通过涡轮旁路释放蒸汽来满足振荡。

这是相对低效的,但清楚地表明当风能集中在一个点上时遇到的困难占据了发电量的很大一部分。

在 19 h 的时间里,NuScale 电力公司的反应堆从 100%产量到不足 10%的产量,中途有几个 20% 的高峰和低谷。幸运的是,这是一个具有强调性的例子,除非这个特殊的混合系统完全脱离电网,否则可能是非常不现实的。然而,很明显,大量的风能比大量的太阳能会引起更快的变化。

7.6 储　　能

显然,解决风能和太阳能间歇性引起的大波动的方法是储能系统。正常情况下,能量可以以 3 种基本形式储存,即机械、热和电。除了抽水蓄能外,还没有发现任何机械系统可以与蓄热或蓄电相竞争。于 2017 年 7 月在马萨诸塞理工学院举行的关于峰值功率和增加收入的轻水堆蓄热研讨会估计[8],目前的电池技术成本约为 500 美元/[kW(e)·h],随着研究的深入,可能会降到 100 美元/[kW(e)·h]的存储量。目前美国能源部的目标是150 美元/[kW(e)·h]。

目前的蓄热能力约为 10 美元/[kW(t)·h]。看来,即使将热量转化为电能的效率损失 30%,电力存储也比热存储贵得多。有两种类型的蓄热系统对使用空气-布雷顿能量转换系统的先进小型模块化反应堆感兴趣。最有效的方法是使用电阻加热将耐火砖的储层升到高温。电阻加热器是可用的,它们很便宜,可以达到 1 475 K 范围内的温度[9]。来自 NACC 系统或 NARC 系统的压缩空气可以通过加热的耐火砖以增加其能量,然后通过此类系统中的最后一个涡轮机膨胀。这需要一个固定的水库,以最大限度地增强 NACC 系统或 NARC 系统,以满足阴天或无风天产生的需求。

可适用于 NACC 系统或 NARC 系统的第二个系统是用于生产氢气和氧气的水电解系统。这将是耐火砖系统的 80% 左右的效率,但会稍微灵活一些。目前,许多发电厂都使用氢气来冷却大型发电机,因此增加的安全问题可能不是一个大问题。

当太阳能系统或风能系统需求曲线为生产过剩时,这两个系统都可以使用它们产生的多余电力。电力被简单地转移到生产更多的热岩石或氢气中。当风能或太阳能供应当前需求曲线时,它们也可以由基准 NACC 系统或 NARC 系统收费。

基本上,目标是使用电力来储存热量或一种可以作为热量回收的材料。我们了解到,无论能量转换系统的热力学效率如何,作为热量储存的能量仍必须转换为电能。换句话说,目前的技术储存可立即使用的电力(在电池中)的成本是储存可快速使用的热量的成本的 50 倍。由于转化为热能和再转化为电能,蓄热系统的效率仅是耐火砖的 40%,而储氢的效率是电池存储的 32%。

因此,储存电能的成本不是 50 倍,而是仅比耐火砖高 20 倍,比储氢高 16 倍。注意,这些是低估计值,因为在本书第 8 章中将可以看到,热空气或氢气的转化效率将比此处估计的 40% 还高得多。

7.7 工业热需求

将能量储存为热能的另一个优势是,未来将有一个热能工业市场,特别是在化石燃料燃烧受到限制的情况下。在马萨诸塞理工学院的报告《碳约束世界中核能的未来》[1] 中,对可产生 150 MW(t) 和 300 MW(t) 的小型模块化反应堆的工业储热用途进行了评估。

表 7.1 给出了 150 MW(t) 的较小的小型模块化反应堆的工业热市场,表 7.2 给出了 300 MW(t) 的较大的小型模块化反应堆的工业热市场。

表 7.1 150 MW(t)的较小的小型模块化反应堆的工业热市场

种类	温度/℃	厂址	反应堆	热 需求/MW	热 供应/MW
炼油厂-独立	750	20	80	9 972	12 000
炼油厂-石化	750	4	35	4 962	5 250
化学品-苯乙烯	620	3	6	696	900
热电联产发电厂	580	100	575	77 655	86 250
化学品-氯乙烯	550	4	16	2 119	2 400
特种化学品	550	4	9	994	1 350
化学品-丙烯腈	510	1	2	184	300
化学品-尼龙	300	2	6	1 248	1 800
矿物质-纯碱	300	4	14	1 802	2 100
纸浆和造纸	300	51	142	16 890	21 300
盐水	300	1	5	616	750
食物	300	14	78	10 345	11 700
化学品-乙二醇	275	5	17	2 090	2 550
纤维素-醋酸盐	200	1	3	350	450
大学	200	6	12	1 308	1 800
总热量				131 231	150 900
				超出	19 669
总反应堆			1 000	超出	13.03%

表 7.2 300 MW(t)的较大的小型模块化反应堆的工业热市场

种类	温度/℃	厂址	反应堆	热 需求/MW	热 供应/MW
炼油厂-独立	750	10	33	7 920	9 900
炼油厂-石化	750	4	19	4 962	5 700
热电联产发电厂	580	70	276	70 983	82 800
化学品-氯乙烯	550	2	6	1 725	1 800
特种化学品	550	1	2	349	600
化学品-尼龙	300	2	10	1 248	1 500
矿物质-纯碱	300	3	7	1 580	2 100
纸浆和造纸	300	22	42	10 742	14 700
盐水	300	1	3	616	900
食物	300	10	38	9 549	11 400
化学品-乙二醇	275	5	10	2 090	3 000
纤维素-醋酸盐	200	1	2	350	600
总热量				112 114	135 000
				超出	22 886
总反应堆			448	超出	16.95%

两个表均按各种工业过程所需的热量温度排序。注意,热电联产发电厂类别包括生产蒸汽和用于工业过程的电力的化石发电厂。

当前的制氢技术需要的热量超过近期或先进的 NACC 系统或 NARC 系统可能产生的温度。

然而,如果开发出一种高效的电解系统来作为热量储能,那么氢气的生产很可能会使用它,从而为市场增加另外 34 个氢气生产设施。如果这个氢市场得到保证,它也将带来生产化肥的氨的生产能力。这将再增加 21 个生产设施。

表 7.1 中列出的大学在寒冷的天气中使用工艺热为校园供暖。确定的盐水生产是位于加利福尼亚州的一个工业设施,该设施从塞尔斯湖生产硼砂、硼酸、碳酸钠和其他产品。所需的热能仅用于从盐水溶液中蒸发水以生产无水产品。

如果反应堆的大小增加到 300 MW(t),市场将略微收缩至表 7.2 所示的市场。

由于一些厂址无法使用 300 MW(t) 的热量,市场萎缩了约 11%。如果热市场变得重要,这对于建造较小的先进小型模块化反应堆是一种轻微的激励。当然,所有的热销售都考虑了化石能源的限制,最大的限制导致热电联产发电厂停止提供工业蒸汽。

7.8 结　论

将大量可再生能源引入电网,将使电网改变当前环境。太阳能或风能的任何重大渗透将严重破坏电网自组装以来的管理方式。为了解决这个问题,肯定需要某种储能。目前看来,特定形式的热蓄能可能是最具成本效益的。

如果因担心人为引起的气候变化而严格限制化石能源,那么核能产生的热量将有一个重要的工业市场。

未来设想的这两部分是互补的,并强烈表明空气-布雷顿能量转换系统有一个美好的未来。

参考文献

[1] Buongiorno, J., M. Corradini, J. Parsons, and D. Petti, Co-Chairs. 2018. The Future of Nuclear Energy in a Carbon-Constrained World, an Interdisciplinary Study, Massachusetts Institute of Technology.

[2] Jordan, D.C., and S. R. Kurtz. Photovoltaic Degradation Rates-An Analytical Review, NREL/JA-5200-51664, June 2012.

[3] Waltar, A.E., D.R. Todd, and P.V. Tsvetkov. 2012. *Fast Spectrum Reactors*, 16. New York: Springer.

[4] Sivaram, V. Winter 2018. A Tale of Two Technologies. *The Breakthrough Journal* 8.

[5] Faulstich, S., M. Durstewitz, B. Hahn, K. Knorr, and K. Rohrig. *German Wind Energy Report*, 2008. Institute fur Solare Energieversorgungstechnik (ISET).

[6] Forsberg, C. Briefing to National University Consortium, Oregon State University, April 11, 2019.

[7] Ingersoll, D. T., C. Colbert, Z. Houghton, R. Snuggerud, J. W. Gaston, and M. Empey. Can Nuclear Power and Renewables be Friends?, Proceedings of ICAPP, Nice (France), May 03-06, 2015.

[8] Forsberg, C., Chairman. Light Water Reactor Heat Storage for Peak Power and Increased Revenue: Focused Workshop on Near-Term Options, MIT-ANP-TR-170, July 2017.

[9] Forsberg, C.W., D.C. Stack, D. Curetis, G. Haratyk, and A. Sepulveda. 2017. Converting Excess Low-Price Electricity into High Temperature Stored Heat for Industry and High-ValueElectricity Production. *The Electricity Journal* 30: 42-52.

第8章　储能与先进小型模块化反应堆的结合

核反应堆产生热量,因此可以耦合到储热系统,以在反应堆全功率运行时提供可调度的电力。6类储热技术与具有蒸汽循环的轻水堆相结合。耐火砖电阻加热储能器将低价电力转化为高温储存的热量,用于工业或电力供应。耐火砖电阻加热储能器和砖式热交换器与核布雷顿动力循环相结合,可以使高温反应堆在电价低时购买电力,并在价格较高时卖出电力。

8.1　介　　绍

由于常见可再生电能的间歇性问题,显然需要通过某种形式的能量进行储存。先进的NACC系统或NARC系统可以帮助满足这一需求。能量有两种直接的储存方式:电能或热能。电能可以储存在电池中,并且美国能源部正在解决这个问题,目标是达到约150美元/[kW(e)·h]。另一方面,蓄热的目标是大约15美元/[kW(t)·h][1]。鉴于计划成本的数量级差异,考虑利用储热的方法似乎更合理。需要指出的是,两种储存方式都可以使用多余的电力。显然多余的电力可以用于电池充电,但也可以用来加热耐火砖,或电解水来生产氢气作为储存介质。

8.2　热储能或电储能

电能可用于储存或转化为热量。显然,电能可以为电池充电,但也可以与电阻加热器一起使用来加热耐火砖[2]。通常,这两个过程的效率都为95%~99%。当然,从电池中回收电能更简单,如果这是电能的唯一应用,并且由于充电深度而相当有效。将能量作为热量或可回收热而储存起来,可以直接用于工业过程和发电。将热能储存在电解氢中的效率不如将其储存在耐火砖中的高,因为目前可用于电解水的最佳工艺的效率只有80%左右[3]。然而,以氢的形式储存热能还有一些额外的优势:氢气本身可用于许多工业过程;通过将氢气储存在安装于拖拉机拖车上的加压罐中,使氢气具有便携式;氢通常可以储存更长的时间而不会损失其能量值,而耐火砖储能每天会因绝缘泄漏损失一小部分热量。

这里的目标不是对储存多余电能的所有可能方式进行定量估计,而是展示氢如何被用作空气-布雷顿系统的储热机制。此类储存的经济效用受许多因素影响,但目前无法准确量化。不过,我们可以描述一种使用氢作为储热机制的工程路径,该机制将与先进小型模块化反应堆配合良好,并在未来的电能市场中产生经济效益。

8.3 热储能:两种方法

现在比较两种储热方法,以满足蓄能池每天 1 000 MW·h 的储存需求。这基本上相当于 100 MW(t)的电力设施工作 10 h 的产能。对于以接近 50%热效率运行的 50 MW(e)的小型模块化反应堆,这应该是一个设计合理的日常蓄热器,并与具有大量间歇性可再生能源渗透的电网相连。考虑提供 900 K、1 100 K 和 1 700 K 的热量,根据一组合理的设计计算[2],一个温度为 1 200 ℃、直径为 4.1 m、高为 18 m 的蓄热器可以储存 250 MW·h 的可用热量,给出的体积为 237.6 m^3。这种尺寸的蓄热器将在 773 K 入口温度下驱动涡轮机 270 min,在 900 K 入口温度下驱动涡轮机 250 min,在 1 100 K 温度下驱动涡轮机约 215 min。显然,它无法提供 1 700 K 的热源。以 900 K 的温度驱动 1 000 MW·h 的涡轮机,将需要 6 个这样的蓄热器,体积大约为 1 426 m^3。以 2 900 psi(1 psi = 6.895 kPa)和 300 K 氢气的形式储存相同的能量,大约需要体积为 1 856 m^3 的氢气。这可以通过使用 241.8 MJ/(kg·mol)低热值的氢气来计算,得到 14 888 kg·mol 的氢气质量,以产生 3.6×10^6 MJ的能量。相较于前述的热储存方案,该氢气储存方式所需的体积增加了约 62%。若以满足 1 100 K 的能量需求为考量,氢气储存所需体积相较于直接热储存方式将多出约 39%。

耐火砖库的电阻加热器的效率应为 95%~99% ,每日损失估计为 2.5%[2],因此,电热输出应为 92.6%~96.5%。纯粹基于电解氢气的效率,电解水和燃烧氢气的电热输出应该在 80%范围内。耐火砖储存应该更有效,并需要更少的容量,但不那么灵活。从概念上讲,氢气燃烧更容易理解,因此它将被视为与空气-布雷顿系统协同运作时,一种具有代表性的热能储存的方式。

8.4 氢气燃烧以增加 NACC 系统产量

由于在空气-布雷顿系统中,通过涡轮机的空气尚未燃烧,因此可以在热交换器和涡轮机回路中的最后一个核热交换器之后添加燃烧室。这样做可以在气体进入热回收蒸汽发生器之前,提高进入最后一个涡轮机的温度。空气只能燃烧一次,一旦经过燃烧加热,温度就会过高,无法通过另一个核能钠-空气热交换器。因此,空气只能在进入最后一个空气涡轮机之前燃烧一次。如果燃烧发生在最后一个涡轮机之前,并且该涡轮机将从热气中提取尽可能多的能量,那么对于该涡轮机比其他空气涡轮机具有更大的压降将是有用的。迄今为止,所有涡轮机都设计成了相同的压力比,但由于在最后一个涡轮机之前添加了燃烧,该涡轮机具有更大压降或膨胀比的优势。较大的膨胀比会导致较低的涡轮机出口温度,见表 8.1,其中总效率计算由关于近期系统涡轮机出口温度的函数得出。燃烧温度选择1 100 K,这是非冷却涡轮机的近似极限[4]。如前所述,所有重要的影响都可以通过标准的三涡轮机系统来证明。

表 8.1 近期 NACC 系统 w/H_2燃烧至 1 100 K 的性能参数

涡轮机 1,2 出口温度/K	涡轮机 3 出口温度/K	基础效率	燃烧效率	综合效率	布雷顿增益	总增益	蒸汽流量比
665.5	665.5	34.1%	71.0%	48.6%	1.379	2.385	3.697
668.0	658.0	33.8%	71.0%	48.6%	1.402	2.417	3.974
673.0	653.0	33.6%	71.0%	48.5%	1.421	2.448	4.197
675.5	645.5	33.2%	71.1%	48.5%	1.445	2.486	4.613
680.5	640.5	32.8%	71.1%	48.4%	1.464	2.522	4.965

每列定义如下。

(1)涡轮机 1,2 出口温度/K:在正常运行(无氢气燃烧)下,入口温度为 783 K 时,前 2 个涡轮机的出口温度,单位为 K。

(2)涡轮机 3 出口温度/K:在正常运行(无氢气燃烧)下,入口温度为 783 K 时,最后 1 个涡轮机的出口温度,单位为 K。

(3)基础效率:非燃烧联合循环的热力学效率。

(4)燃烧效率:氢气燃烧的热力学效率。

(5)综合效率:带燃烧的整个系统热力学效率(由于是混合能源,所以不是一个特别有用的数字)。

(6)布雷顿增益:带燃烧的空气-布雷顿循环与无燃烧的功率之比。

(7)总增益:假设夹点温度分布保持恒定,有燃烧增强的系统功率与没有燃烧增强的系统功率之比。

(8)蒸汽流量比:带燃烧的蒸汽流量与没有燃烧的蒸汽流量之比。

表 8.1 中有几件事值得注意。

第一,如果所有涡轮机具有相同的膨胀比或出口温度,则没有燃烧的系统效率最高。该表仅显示正常效率时下降约 1%的点,如果观察到的趋势持续下去,表可以列得更多,但 1%的下降已经可以很好地了解到预期性能。

第二,燃烧氢气的热力学效率大于 70%(这比任何可以在线提供峰值功率的燃气轮机联合循环系统都更有效)。

第三,如果蒸汽循环中的夹点温差可以保持恒定,则总功率增益非常理想,这也是一个重要的要求。

在空气质量流量保持恒定的情况下,流经空气-布雷顿循环部分的空气会发生燃烧,所以进入第三个涡轮机的喷嘴必须扩大,从而应对燃烧产物温度的升高及其附加质量的轻微增加。此项研究已得到证明。

然而,为了保持蒸汽循环的夹点温度恒定,蒸汽的质量流量必须显著增加,而这不确定是否易于完成。如果涡轮机在正常运行期间以部分功率运行,可能导致正常效率的显著下降。

如果允许夹点温度升高,将会降低由于燃烧获得的附加功率,因为排气温度将升高,导致更多的热量排放到大气中。最小功率的增加可能由布雷顿增益系数给出,但在正常质量流量下,蒸汽循环运行的温度更高。因此,功率增益介于 40%~140%,目前尚不清楚最佳方法是什么,需要进一步研究。

现在分析氢气燃烧。首先,它使涡轮机入口温度达到3~1 700 K,这是冷却涡轮机叶片的粗略状态[4]。数据整合在表8.2中,每列具有相同的含义。

表8.2 近期NACC系统w/H_2燃烧至1 700 K的性能参数

透平1,2出口温度/K	透平3出口温度/K	基础效率	燃烧效率	综合效率	布雷顿增益	总增益	蒸汽流量比
665.5	665.5	34.1%	73.6%	60.0%	2.099	5.288	6.176
668.0	658.0	33.8%	73.8%	60.1%	2.167	5.398	6.724
673.0	653.0	33.6%	73.9%	60.2%	2.220	5.499	7.165
675.5	645.5	33.2%	74.1%	60.3%	2.290	5.625	7.984
680.5	640.5	32.8%	74.2%	60.4%	2.347	5.744	8.675

其次,它的化学燃烧效率大于70%。布雷顿增益本身大于100%,并且在蒸汽流量比接近9倍时,整体增益超过400%。这是否能够实现尚需要调查,但布雷顿增益是非常值得追求的。显著增加蒸汽质量流量的另一种方法,是在高输出需求期间,在传动系统中额外增加1个涡轮机。

表8.3和表8.4为先进NACC系统w/H_2燃烧至1 100 K与1 700 K的性能参数。

表8.3 先进NACC系统w/H_2燃烧至1 100 K的性能参数

透平1,2出口温度/K	透平3出口温度/K	基础效率	燃烧效率	综合效率	布雷顿增益	总增益	蒸汽流量比
767.5	767.5	46.5%	74.6%	51.6%	1.133	1.368	1.595
770.5	762.5	46.3%	74.6%	51.5%	1.139	1.372	1.624
775.0	755.0	46.2%	74.6%	51.5%	1.143	1.376	1.640
777.5	747.5	46.1%	74.6%	51.4%	1.148	1.382	1.668
780.0	740.0	45.9%	74.5%	51.3%	1.154	1.387	1.700
785.0	735.0	45.8%	74.5%	51.3%	1.158	1.392	1.723
787.5	727.5	45.6%	74.5%	51.2%	1.164	1.398	1.760
792.5	722.5	45.5%	74.5%	51.1%	1.168	1.403	1.787

表8.4 先进NACC系统w/H_2燃烧至1 700 K的性能参数

透平1,2出口温度/K	透平3出口温度/K	基础效率	燃烧效率	综合效率	布雷顿增益	总增益	蒸汽流量比
767.5	767.5	46.5%	74.1%	61.0%	1.660	2.864	2.850
770.5	762.5	46.3%	74.3%	61.1%	1.687	2.893	2.933
775.0	755.0	46.2%	74.4%	61.2%	1.707	2.916	2.933

表 8.4(续)

透平 1,2 出口温度/K	透平 3 出口温度/K	基础效率	燃烧效率	综合效率	布雷顿增益	总增益	蒸汽流量比
777.5	747.5	46.1%	74.5%	61.3%	1.734	2.947	3.089
780.0	740.0	45.9%	74.7%	61.4%	1.762	2.979	3.196
785.0	735.0	45.8%	74.8%	61.4%	1.783	3.006	3.272
787.5	727.5	45.6%	74.9%	61.5%	1.812	3.041	3.398
792.5	722.5	45.5%	75.0%	61.6%	1.834	3.070	3.490

基本系统的效率不会下降得那么快,而且收益更适度,更有可能实现。但在所有情况下,燃烧效率都保持在 70%以上,使得这种配置比任何当前或计划中的燃气轮机联合循环系统更高效。

8.5 氢气燃烧以增加 NARC 系统产量

现在分析使用氢气燃烧来增加 NARC 系统的产量。

这有点复杂。当最后一个涡轮机的排气温度升高时,热交换器温度升高,这意味着进入第一个钠-空气热交换器的空气温度升高。因此,反应堆不必为该热交换器产出那么多热量。

事实上,氢气存在一个最大燃烧温度,使得在第一个热交换器中不再有任何热量传递。也就是说,热交换器提供了第一个涡轮机所需的所有热量。这意味着反应堆仅向第二个和第三个热交换器提供热量,因此必须降低其功率输出。

它仍然作为最后一个涡轮机之前氢气燃烧的预热器。表 8.5 为近期 NARC 系统 w/H_2 燃烧的性能参数。

表 8.5 近期 NARC 系统 w/H_2燃烧的性能参数

透平 1,2 出口温度/K	透平 3 出口温度/K	基础效率	燃烧效率	综合效率	燃烧增益	燃烧温度/K	RX 功率
725.5	725.5	41.7%	59.6%	42.6%	1.077	866.6	0.608
735.5	705.8	41.8%	67.2%	43.7%	1.135	890.4	0.505
745.5	685.5	41.7%	72.6%	45.0%	1.211	915.4	0.402
765.5	655.5	40.9%	78.8%	47.2%	1.390	958.7	0.220

每列新定义如下。

(1)燃烧增益:氢气燃烧提供的功率与基本功率的比率。

(2)燃烧温度/K:为第一个涡轮机提供 783 K 空气的最高燃烧温度。

(3)RX 功率:氢气燃烧期间反应堆所需的功率与其基本功率的比率。

注意,在这种情况下,当所有涡轮机具有相同的出口温度时,正常运行的峰值效率不会出现。正常运行效率上升 0.1 个百分点，然后开始下降。当第三个涡轮机出口温度为前两个涡轮机出口温度的 92%时，恢复到相同的初始效率。

系统在峰值额定效率下运行，燃烧增益仅为 13.5%。但是，如果额定效率可以放宽大约 1%，则燃烧增益可以增加到约 40%。然而，当这样做时，反应堆功率必须降低到正常值的大约 22%。该系统产生的功率增加了 39%，但反应堆已降至正常值的 22%，因此氢气燃烧产生的能量为正常值的 117%，大约 64 MW(e)。

然而，它以 78.8%的热效率燃烧这种氢气，高于当前燃气轮机联合循环系统所达到的任何效率。

这是因为空气在进入燃烧室之前已被核反应堆预热。

表 8.6 为先进 NARC 系统 w/H_2 燃烧的性能参数。所有相同的现象都存在。当第三个涡轮机的出口温度与前两个涡轮机的出口温度之比为 95%时，效率达到最佳，该比率可降至 90%，然后效率降至所有涡轮机的相同情况。放弃正常运行时 1%的效率，燃烧期间的峰值功率增益将达到正常的 40.9%。

表 8.6　先进 NARC 系统 w/H_2燃烧的性能参数

透平 1,2 出口温度/K	透平 3 出口温度/K	基础效率	燃烧效率	综合效率	燃烧增益	燃烧温度/K	RX 功率
867.5	867.5	49.4%	61.4%	50.1%	1.076	1065.3	0.609
882.5	842.5	49.5%	68.5%	51.1%	1.129	1096.0	0.508
900.0	810.0	49.4%	74.9%	52.6%	1.220	1138.0	0.380
922.5	762.5	48.5%	81.1%	54.8%	1.409	1204.2	0.203

这将需要 1 205 K 的燃烧温度，以目前的技术需要适度冷却的涡轮机。燃烧效率仍然很高，在 1 205 K 燃烧温度下达到 80%以上。

同样，反应堆的功率必须降至正常水平的 20%，这样燃烧才能进行。

8.6　氢气燃烧以增加中间冷却 NARC 系统产量

中间冷却 NARC 系统比简单的回热式系统提供更高的效率，但在许多方面的表现非常相似。近期中间冷却 NARC 系统 w/H_2 燃烧的性能参数见表 8.7。

表 8.7　近期中间冷却 NARC 系统 w/H_2燃烧的性能参数

透平 1,2 出口温度/K	透平 3 出口温度/K	基础效率	燃烧效率	综合效率	燃烧增益	燃烧温度/K	RX 功率
705.5	705.5	44.6%	67.3%	46.0%	1.097	892.2	0.620
720.5	680.5	44.7%	73.9%	47.4%	1.169	923.8	0.514
730.5	660.5	44.6%	77.7%	48.6%	1.242	950.4	0.435
748.0	618.0	43.7%	83.4%	51.1%	1.447	1011.6	0.285

正常系统效率稍好,燃烧效率稍好,燃烧增益也更好。反应堆功率调节要求没有那么严格,但仍然非常重要。为实现功率提升 40%以上,第三个涡轮机的排气温度与第一个和第二个涡轮机的排气温度之比仅为 83%。涡轮机越大其性能越好。

表 8.8 为先进中间冷却 NARC 系统 w/H_2 燃烧的性能参数。

表 8.8 先进中间冷却 NARC 系统 w/H_2燃烧的性能参数

透平 1,2 出口温度/K	透平 3 出口温度/K	基础效率	燃烧效率	综合效率	燃烧增益	燃烧温度/K	RX 功率
842.5	842.5	52.4%	68.5%	53.4%	1.094	1098.2	0.621
865.0	805.0	52.5%	75.7%	54.9%	1.173	1147.1	0.506
875.0	785.0	52.4%	78.5%	55.7%	1.226	1174.6	0.445
902.5	722.5	51.5%	84.7%	58.4%	1.448	1268.7	0.276

在这种情况下,一切看起来都更好了。现在,较大的第三个涡轮的排气温度仅为其他两个涡轮机的排气温度的 80%。燃烧仍然产生正常反应堆 117%的功率。

1 269 K 的最佳燃烧温度仍然可以通过 1 200 ℃ 的蓄热器实现,该蓄热器体积略小于储存的氢气体积。

8.7 结　论

对于高于基本负荷正常运行的电源负荷所增加的电源需求,空气-布雷顿能量转换系统比当前的轻水堆系统更容易处理。它们可以利用储存的热量或储存的氢气工作。

事实上,如果燃烧室的设计合理,它们还可以利用天然气或任何其他可燃物来工作。如果这样,它们的燃烧效率将超过目前存在的或近期可能建造的燃气轮机联合循环系统。

NACC 系统能在 10%~800%的功率增益下有效运行,具体取决于蒸汽底部循环的处理方式。

NARC 系统能在 10%~45%的功率增益下运行,具体取决于系统的设计方式。

由于回热器在反应堆加热之前与气流耦合,NARC 系统必须能够降低反应堆的功率,以实现这些增益。

很明显,空气-布雷顿小型模块化反应堆能够在具有显著间歇性可再生能源系统渗透的电网上实现经济高效的运行。

参考文献

[1] Buongiorno, J., M. Corradini, J. Parsons, and D. Petti. Co-Chairs. 2018. *The Future of Nuclear Energy in a Carbon-Constrained World, an Interdisciplinary Study*, Cambridge, MA: Massachusetts Institute of Technology.

[2] Forsberg, C.W., D.C. Stack, D. Curtis, G. Haratyk, and N.A. Sepulveda. 2017. Converting Excess Low-Price Electricity into High-Temperature Stored Heat for Industry and High-Value Electricity Production. *The Electricity Journal* 30: 42-52.

[3] Schiller, G., A. Ansar, M. Lang, and O. Patz. 2009. High Temperature Electrolysis using Metal Supported Solid Oxide Electrolyzer Cells (SOEC). *Journal of Applied Electrochemistry* 39: 293-301.

[4] Wilson, D.G., and T. Korakianitis. 1998. *The Design of High-Efficiency Turbomachinery and Gas Turbines.* 2nd ed. Upper Saddle River: Prentis-Hall, Inc.

第 9 章　小型模块化反应堆堆芯的设计与分析

核能倡导者正在游说,如果不广泛应用核能和核相关技术的优势,包括即将问世的新一代小型模块化反应堆,就无法实现世界能源部门的可持续发展。这些小型模块化反应堆的出现需要新的设计和分析,无论它们是属于轻水堆、压水堆,还是属于多用途小型轻水堆的类别,具体取决于涉及这些新技术的供应商,以及随之而来的安全标准及其防扩散要求。本章将探讨这些堆芯设计标准,并对其进行一般性阐述,但读者需要参考本书及其他资料来了解更多详细信息。

9.1　介　绍

为了满足国家和国际实现最大安全与效率水平的要求,并解决世界范围内的扩散问题,新一代核反应堆将需要被开发并应用多种创新技术。

NuScale 电力公司等制造商正在进行小型模块化反应堆的设计和开发。NuScale 电力公司使用现有的轻水堆作为电源模块(图 2.18)。而 Holtec 国际公司等则利用与压水堆类似的技术,并将其缩小应用于核潜艇等船舶中。图 9.1 为 Holtec 国际公司的 SMR-160 项目。

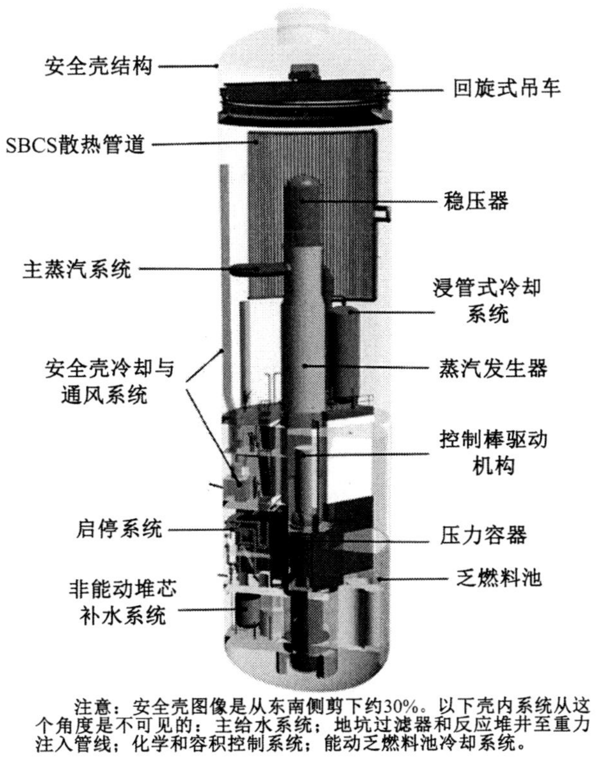

图 9.1　Holtec 国际公司的 SMR-160 项目

当然还有其他核工业供应商,如作为巴布科克·威尔科克斯公司旗下的 mPower 公司,它们在 2009 年研发了 mPower 反应堆。如图 9.2 所示,这是一个 500 MW(e)一体式压水堆,设计用于工厂制造,并通过铁路运到现场。这是一个刻意保守的设计,以便获得接受和许可。2012 年 11 月,美国能源部宣布,其将支持加速开发早期部署的设计,并为此提供高达 2.26 亿美元的资金,其中已支付 1.11 亿美元。

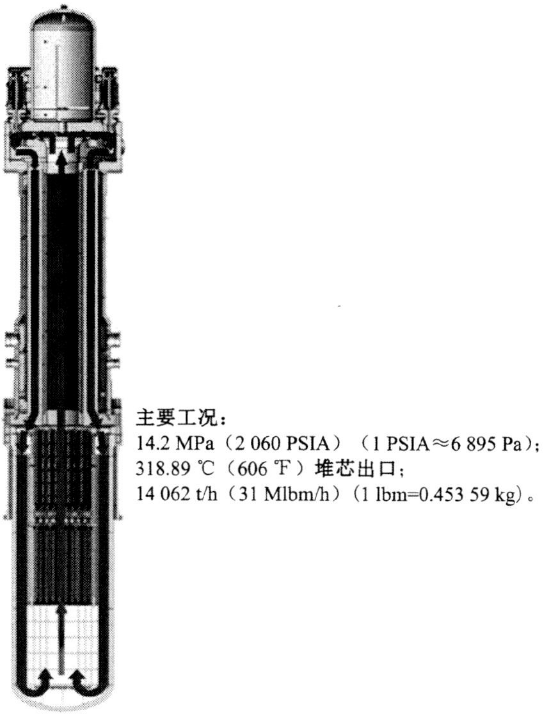

图 9.2　mPower 反应堆

另一方面,俄勒冈州立大学等大学参与了多用途小型轻水堆的设计研究(图 9.3),并考虑到以下要求,如非能动安全系统、自然循环、长堆芯寿命和场外换料能力等,而使用标准设备是这种反应堆设计的基本设计特点。

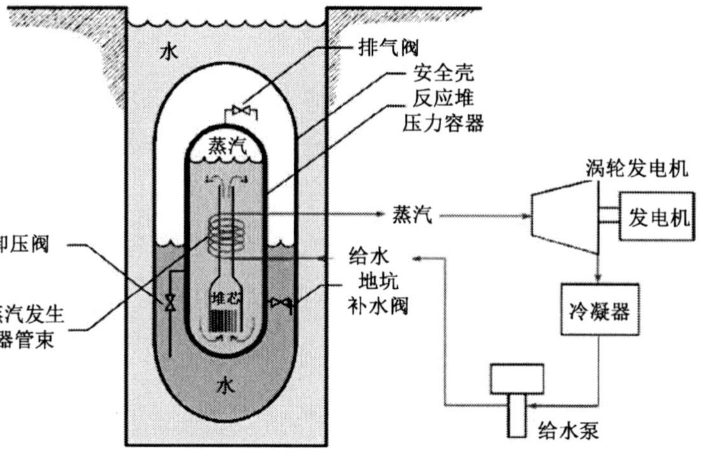

图 9.3　多用途小型轻水堆

在全球范围内,拥有较先进小型模块化反应堆项目的国家是中国,而中核能源科技有限公司正在建造 210 MW(e)的高温反应堆球床模块,该模块由双 250 MW(t) 高温反应堆组成。它基于 20 世纪 60—80 年代几个创新反应堆的经验基础上建造的,如图 9.4 所示。

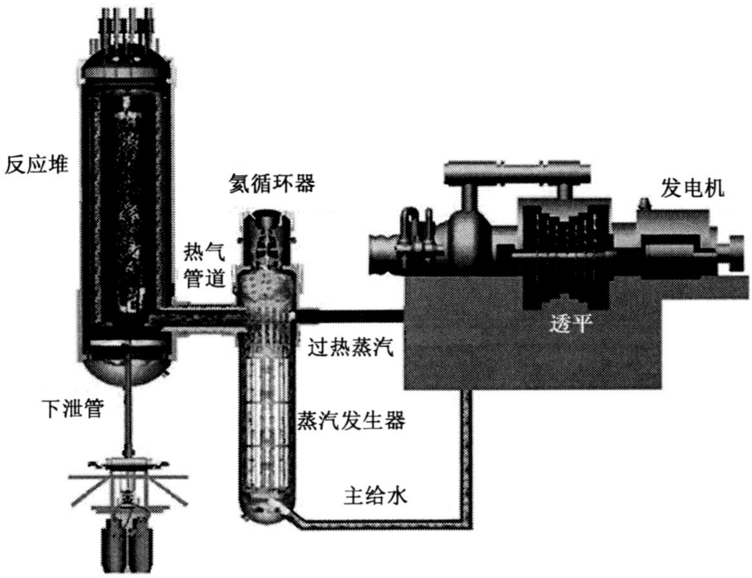

图 9.4 250 MW(t) 高温反应堆球床模块

高温反应堆球床模块使用氦气代替水作为冷却剂,在氦气被加热到 750 ℃ (1 382 ℉)后,被送到蒸汽发生器,在其中加热水直至变成高温蒸汽,然后蒸汽流入涡轮机发电。该过程使用石墨慢化核反应堆和单程铀燃料循环。

作为中国先进高温反应堆技术的一部分,SNPTC 项目由位于山东省的两个 250 MW(t)的高温反应堆球床模块组成,如图 9.4 所示。该项目的测试于 2018 年 4 月结束,届时该反应堆将作为新一代先进小型模块化反应堆系列的一部分投入商业运行。

该项目的成功将为核工业及其倡导者树立一个里程碑,推动该行业成为可再生能源的选择之一,其中小型模块化反应堆将被利用,同时帮助我们的环境脱碳,并为满足由于全球人口增长和相关行业需求导致的电力需求增长铺平道路。

其他如俄罗斯设计的 KLT-40S(图 9.5)反应堆,由 OKBM(全称是 OAO I.I. Afrikantov OKB Mechanical Engineering 公司,该公司成立于 1945 年,1998 年以其前任首席设计师和总监 I.I. Afrikantov 的名字命名)公司研制。Afrikantov 源于破冰船中的 KLT-40 反应堆,现在使用低浓缩燃料,建议更广泛地用于海水淡化和驳船,以及偏远地区供电。在这里,一个 150 MW(t) 的机组可产生 35 MW(e)的电功率(总),并提供 35 MW 的热量,用于海水淡化或区域供热[如果仅发电,则为 38.5 MW(e)],燃耗为 45 GW · d/t。机组设计用于在具备船上燃料更换能力和已使用燃料储存功能的情况下,每 3~4 年更换一次燃料,并在每次更换燃料时更换所有燃料组件。在 12 年的运行周期结束时,整个装置将被运到中央设施进行检修和旧燃料储存。运行设备的寿命为 40 年。两个装置将安装在 20 000 t 驳船上,以便在出现中断时(容量系数为 70%)能够继续使用。它也可以在加里宁格勒使用。

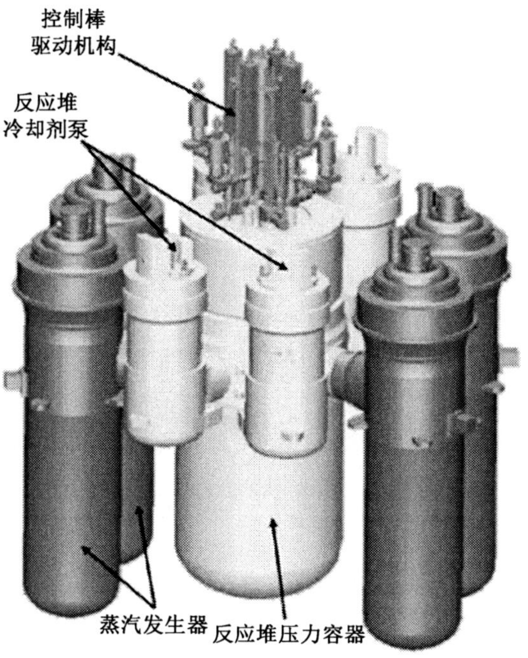

图 9.5 KLT-40S 反应堆(由 OKBM 公司提供)

虽然反应堆堆芯通常采用强迫循环(四回路)冷却,但该设计依靠对流进行紧急冷却。燃料是铀铝硅化物,浓缩水平高达 20%,提供长达 4 年的换料间隔。它的一个变体是 KLT-20 反应堆,专为浮动核电站设计,属于双回路版本,铀浓缩水平与前者相同,但每 10 年补充一次燃料。

第一个浮动核电站 Akademik Lomonosov 于 2007 年开始建设。由于造船厂破产,该工厂现在预计将于 2018 年底完工并于 2019 年投入运营。

阿根廷国家原子能委员会也参与了小型模块化反应堆和 CAREM-25 反应堆的原型设计,并获得了 INVAP 公司的大量投入,CAREM-25 反应堆是一款较为老旧的设计,属于模块化 100 MW(t)[总功率为 27 MW(e)]一体式压水堆,首次对外公布是 1984 年。它的压力容器内有 12 个蒸汽发生器,用于发电、研究反应堆或海水淡化[热电联产配置为 8 MW(e)]。CAREM 在反应堆压力容器(11 m 高,3.5 m 直径)内拥有整个主冷却系统,采用自加压方式,并完全依靠对流[对于小于 150 MW(e) 的模块]。最终的全尺寸出口版本将达到 100 MW(e)或更高,并带有电动轴向冷却剂泵。燃料是标准的 3.1%或 3.4%浓缩压水堆燃料,装在六边形燃料组件中,具有可燃毒物,每年换料一次。

25 MW(e)的原型机组正在布宜诺斯艾利斯西北 110 km 的利马的帕拉纳河上的阿图查旁边建造,一旦设计被证明,第一个更大的版本[可能为 100 MW(e)]计划在位于布宜诺斯艾利斯以北 500 km 的福尔摩沙省北部建造。大约 70%的 CAREM-25 组件将在本地制造。该压力容器由 Industrias Metalurgicas Pescarmona SA (IMPSA)公司制造(图 9.6)。

CAREM-25 是由阿根廷国家原子能委员会开发的 27 MW(e)一体式压水堆,该反应堆采用先进的功能,包括使用自然循环的一体式主冷却系统、舱内液压控制棒驱动机构和非能动安全系统。在宽限期内,无须空调电源或操作员操作即可减轻假设的设计事件。

通过采用一体式的主冷却系统,该反应堆可应对典型压水堆的设计基准事故,如大量失水事故和停堆系统,其多样性和冗余性均符合监管要求。CAREM-25 反应堆目前正在被阿根廷作为原型工厂建造,用于验证未来 CAREM 商业版本所采用的创新特性,该版本将产生高达 300 MW(e)的输出功率,同时也是作为目标于 2018 年启动试运行的原型工厂,这也是其他国家建造的许多先进小型模块化反应堆之一。

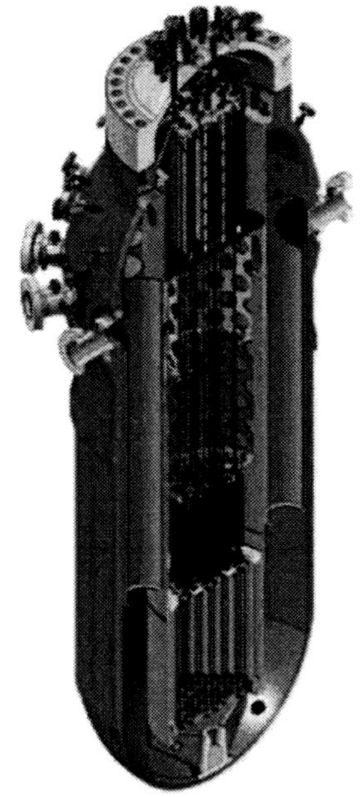

图 9.6 阿根廷 CAREM-25 小型模块化反应堆

韩国的一体式模块化先进反应堆正处于概念设计阶段,是另一种先进小型模块化反应堆。一体式模块化先进反应堆如图 9.7 所示。

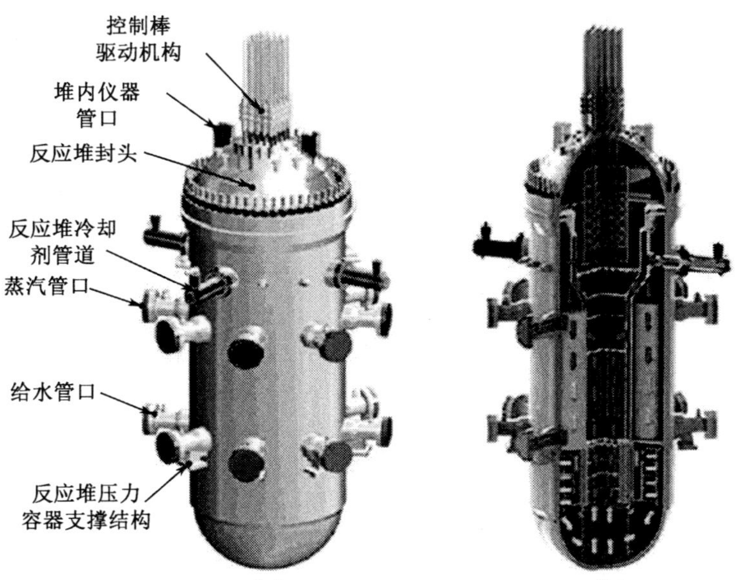

图 9.7 一体式模块化先进反应堆

一体式模块化先进反应堆是一种 300 MW(t)小型模块化反应堆,已确定并开发,其组件将在未来 10 年内进行测试,韩国原子能研究所在该项目上将投入约 3 亿美元和 1 500 人/年, 并且已获得韩国核安全研究所的批准。

据世界核组织称,一体式模块化先进反应堆的设计寿命为 60 年,燃料浓缩率为 4.8%,设计特点是换料周期为 3 年。与许多小型模块化反应堆一样,余热排出是非能动的。据韩国原子能研究所称,非能动余热排出设计为该装置提供了“20 天的福岛型事故宽限期”。

在设计中,所有燃料都浸没在水中,安全壳建筑可以承受一架波音 767 飞机的撞击。安全壳还包括一个非能动除氢系统,以防止氢爆炸。

今天的许多小型模块化反应堆计划都源于海军反应堆技术,希平港核电站就是如此。它的技术基于为美国第一艘核潜艇提供动力的西屋反应堆。阿根廷的 CAREM-25 反应堆设计也来自阿根廷海军,该国在 1984 年的国际原子能机构会议上公布了该设计。该项目随后被搁置,但在 2006 年重新启动,因为阿根廷面临天然气供应有限且进口价格高昂的情况,所以开始重振其核电计划。阿根廷很少有易于获取的本土能源资源。

俄罗斯的浮动核武器也依赖于海上技术,这是为其成功的核破冰船舰队开发的反应堆,历史可以追溯到苏联时代。美国第一艘核动力破冰船 NS Lenin 于 1957 年下水,同年希平港核电站投入商业服务。

在美国,两大小型模块化反应堆工业开发商巴布科克·威尔科克斯公司和西屋电气公司在海军反应堆方面拥有丰富的经验。然而这种技术优势并没有提供商业影响力,因为面对产品需求不足,这两家公司都已缩减了其小型模块化反应堆计划。

日本原子能研究所设计了 MRX 反应堆,这是一种小型[50~300 MW(t)]的一体式压水堆,用于船舶推进或本地能源供应[30 MW(e)]。整个装置将在工厂建造,采用传统的 4.3%浓缩压水堆氧化铀燃料,换料间隔为 3.5 年,并有一个充满水的安全壳用于提高安全性。自 2000 年以来,该项目的消息就很少了。

总而言之,当一些欠发达、财力较弱的国家和公用事业公司正在向前发展时,美国(和欧洲)市场无法接受小型模块化反应堆技术的原因是什么?

英国林肯大学的 Giorgio Locatelli 最近发表了一篇关于小型模块化反应堆经济学的论文,题为《小型模块化反应堆:经济和战略方面的全面概述》。他认为较小的反应堆在发展中国家是有意义的,“在这些国家筹集资金进行投资可能非常困难,但是有了小型模块化反应堆,你可以以更低的价格建造完第一个,然后筹集到更多的资金建造第二个,然后开始用第一个和第二个销售电力,通过销售电力可以资助建设第三个和第四个”。

9.2 热管微反应堆

这里值得一提的是,存在另一种不同于其他小型反应堆设计的独特形式的反应堆,即西屋公司称为 eVinci 的热管反应堆。

与其他小型反应堆设计不同,eVinci 是一种热管反应堆,它使用许多密封的水平钢热管,其中的流体将热量从热燃料(流体蒸发的地方)传导到外部冷凝器(流体在此处释放潜热),并配有热交换器。无须泵即可在低压下实现连续的等温汽液内部流动。该原理在小规模范围内已经很好地建立,但这里使用液态金属作为流体,并且设想反应堆尺寸高达几兆瓦。空间热管反应堆的实验工作是使用小得多的装置[约 100 kW(e)],并使用钠作为流体。自 1994 年以来,它们一直作为一个强大的、低技术风险的空间探索系统而被开发,重点是高可靠性和安全性。

eVinci 反应堆将完全由工厂建造并提供燃料。此外,其还可以发电,可加热到 600 ℃。装置将有 5~10 年的运行寿命,由于固有的反馈减少了核反应产生的多余热量,从而实现了无人值守的安全性,但也会影响负载跟踪。尽管 eVinci 不被认为是一种先进小型模块化反应堆,但由于其体积小,因此是上述天基能源的良好候选者,由于缺乏更好的分类而属于微反应堆类别。如图 9.8 所示,eVinci 反应堆的创新设计结合了核裂变、空间反应堆技术及 50 多年的商业核系统设计、工程和创新。eVinci 反应堆旨在以更高的可靠性和最小的维护来创造负担得起的可持续电力,特别是对于偏远地区的能源消费者。与大型集中式核电站相比,小尺寸的发电机便于运输和快速的现场安装。反应堆堆芯设计运行时间超过 10 年,无须频繁换料。

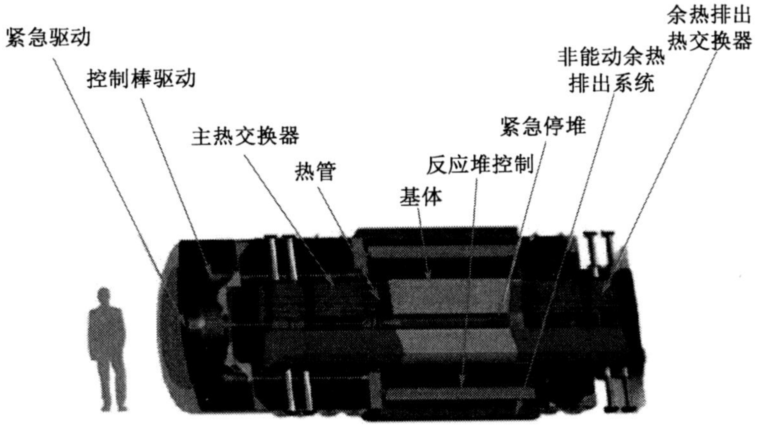

图 9.8　eVinci 反应堆

eVinci 反应堆的主要优势归功于其固态堆芯和先进的热管。堆芯封装燃料显著降低了扩散风险并提高了用户的整体安全性,热管可实现堆芯被动排热和固有功率调节,从而实现自主运行和固有负载跟踪能力。这些先进技术共同使 eVinci 反应堆成为具有最少移动部件的伪"固态"反应堆。

eVinci 反应堆的关键属性如下。

(1)可移动的发电机。

(2)完全由工厂制造、加油和组装。

(3)热电联产——200 kW(e)~25 MW(e)。

(4)高达 600 ℃ 的过程热量。

(5)5~10 年的使用寿命,具有无人值守的固有安全性。

(6)目标现场安装时间少于 30 天。

(7)自主负荷管理能力。

(8)无与伦比的抗扩散能力。

(9)高可靠性和最少的移动部件。

(10)绿地退役和修复。

作为微型反应堆设计的一个特点，eVinci 反应堆可以为离网客户提供终极能源解决文案，如图 9.9 所示。

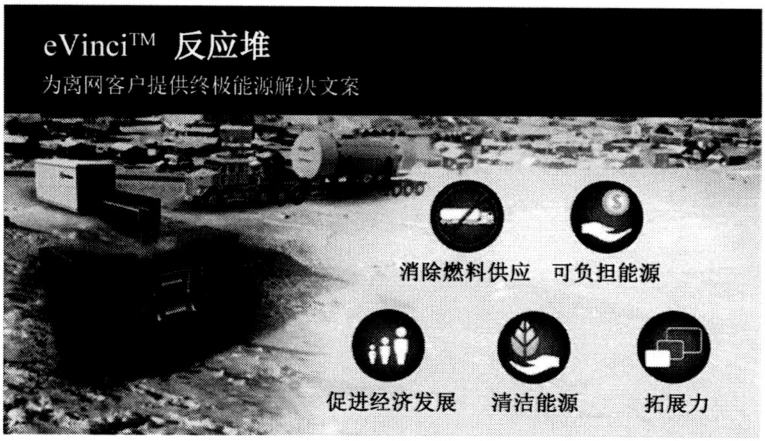

图 9.9　eVinci 在离网模式下的各种应用

在反应堆系统中使用热管解决了当前 GEN－Ⅱ、GEN－Ⅲ，以及一定程度上的第四代概念商用核反应堆中存在的一些较难解决的反应堆安全性和可靠性问题，特别是主冷却剂丧失的问题。热管在相对较低的压力下以被动模式运行，压力低于大气压。每个单独的热管仅包含少量工作流体，这些工作流体完全封装在密封钢管中。没有主冷却回路，因此没有机械泵、阀门或当今所有商业反应堆中常见的大直径主回路管道。热管通过内部连续的等温蒸汽/液体流动，将热量从堆芯内的蒸发器部分输送到堆芯外的冷凝器。热管为排出反应堆堆芯热量提供了一种全新且独特的方法。

9.3　高温气冷堆/先进小型模块化反应堆

高温气冷堆如图 9.10 所示。其设计特征和操作温度要求被归类为先进小型模块化反应堆的一种。这类反应堆适合采用创新的开放式空气-布雷顿循环或封闭式二氧化碳联合布雷顿循环，这些循环利用高温优势，以提高这些高温气冷堆的热效率达到其最大可能[1-3]。

这些类型的先进小型模块化反应堆使用石墨作为慢化剂，除非它们是快中子型的先进小型模块化反应堆，并且使用氦气、二氧化碳或氮气作为主要冷却剂。分析了 20 世纪 60 年代和 70 年代建造的几个创新反应堆的经验，特别是德国的那些，并考虑到美国的下一代核电站计划和中国在 2011 年启动的高温反应堆球床模块项目。美国的下一代核电站的经验教训包括使用 TRISO 燃料、反应堆压力容器和氦冷却（英国先进气冷堆是唯一使用二氧化碳作为主要冷却剂的高温反应堆，如图 9.11 所示）。然而，目前美国政府对下一代核电站的资助几乎停止，技术领先地位已经转移到中国。

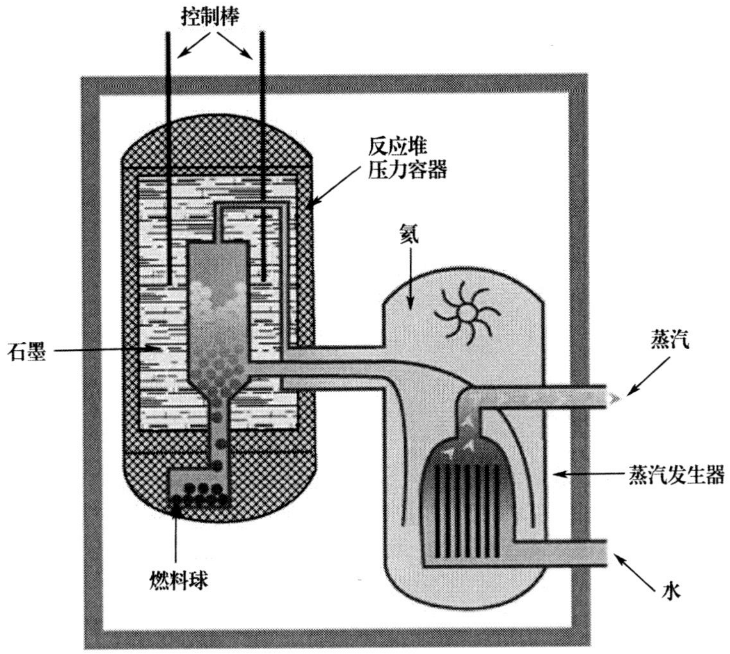

图 9.10 高温气冷堆概览图(由世界核协会提供)

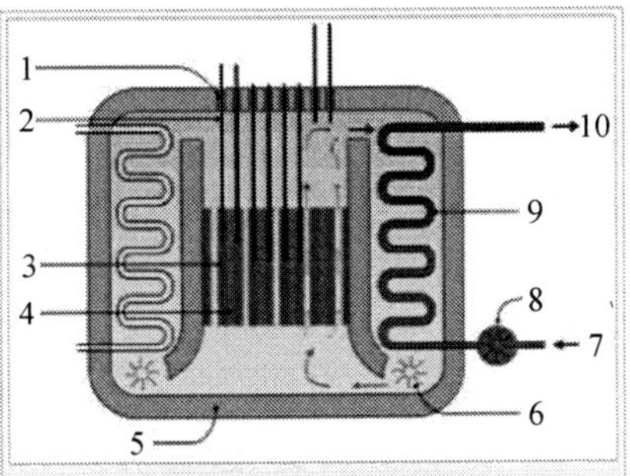

注意：交换器包含在钢筋混凝土制压力容器和辐射屏蔽内。

1.上充管；
2.控制棒；
3.石墨慢化剂；
4.燃料组件；
5.混凝土压力容器和辐射屏蔽；
6.气体循环器；
7.水；
8.水循环器；
9.热交换器；
10.蒸汽。

(a)先进气冷堆组件概述

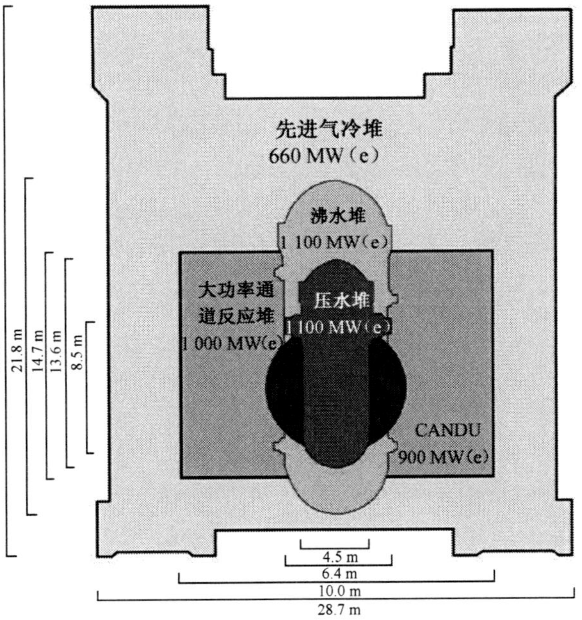

(b)与其他反应堆相比，先进气冷堆的尺寸

图 9.11 先进气冷堆

目前正在开发新型高温反应堆,这些反应堆能够输送高温(700~950 ℃,最终可达约1 000 ℃)氦气,通过热交换器进行工业应用,或通过蒸汽发生器在二回路中常规制造蒸汽,或直接驱动布雷顿循环燃气轮机发电,热效率可能接近50%(每增加50 ℃,效率提高约1.5%)[1-4]。其中一种设计是使用氦气驱动空气压缩机,为CCGT机组增压。过去10年,冶金的发展和技术的改进使高温反应堆比过去更实用,尽管直接循环意味着燃料和反应堆组件必须具有高度的完整性[4]。下面描述的反应堆中,除了一个是快中子反应堆外,其余的都使用石墨作为中子慢化剂。

注意,由于较高的技术风险,目前对氦气直接布雷顿循环的研究兴趣不大。燃料的消耗往往会导致在冷却剂回路中产生具有放射性的石墨粉尘。

这些反应堆的燃料是直径小于1 mm的TRISO(三结构各向同性)颗粒形式,每个颗粒内部都有一个约0.5 mm的碳化铀(或二氧化铀)核心,其中^{235}U的富集度高达20%,但通常低于此值。内部被碳层和碳化硅层包围,为裂变产物提供了一个安全壳,可在1 600 ℃以上保持稳定。

这些颗粒的排列方式有两种:一种是块状——石墨的六边形"棱柱";另一种是台球大小的石墨卵石,每个都有大约15 000个燃料颗粒和9 g铀。与轻水堆中相同容量的燃料相比,乏燃料的体积要大得多(20倍),因为燃料卵石主要是石墨——不到1%是铀。不过乏燃料总体上具有较低的放射性毒性,并且由于较高的燃耗,产生的衰变热较少。该高温反应堆的中子慢化剂是石墨。

高温反应堆存在使用钍基燃料的可能,如高富集或低富集铀与钍的组合、^{233}U与钍的组合,以及钚与钍的组合。使用钍燃料的大部分经验来自高温反应堆。

由于反应性温度系数为负(裂变反应随着温度升高而减慢)和被动衰变热去除的特性,反应堆具备固有安全性,因此,高温反应堆被认为不需要任何安全壳建筑物以确保安全。它们足够小,可以允许在工厂制造,并且通常安装在地下。

特别是3种高温反应堆设计——球床模块化反应堆(图9.12)、燃气轮机-模块化氦冷反应堆(图9.13、图9.14)和阿海珐集团的蒸汽循环高温气体反应堆(steam cycle high-temperature gas reactor, SC-HTGR)(图9.15、图9.16)——曾是美国下一代核电站项目的候选者。2012年,阿海珐集团的高温反应堆被选中。然而,目前唯一正在进行的高温反应堆项目是中国的高温反应堆球床模块。

混合动力技术公司有一种混合核能小型模块化反应堆,它与化石燃料动力燃气轮机相结合。

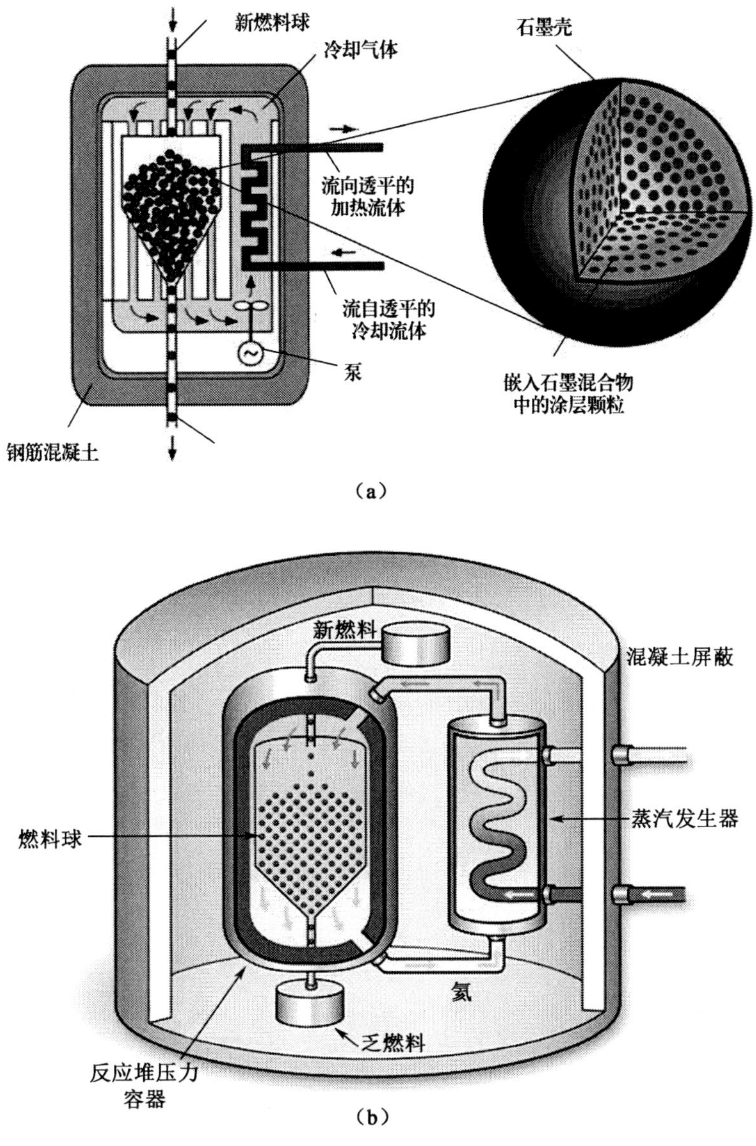

图 9.12　球床模块化反应堆示意图

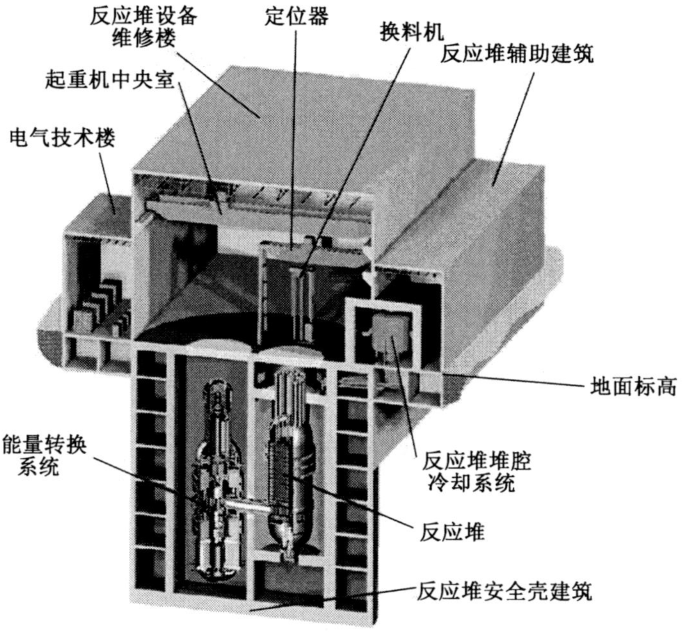

图 9.13　燃气轮机-模块化氦气反应堆概览图

(来源:M.P.LaBar,A.S.Shenoy,W.A.Simon and E.M.Campbel,"Status of the GT-MHR for Electricity Production",World Nuclear Association Annual Symposium 2003,http://www.world-nuclear.org/sym/2003/fig-htm/labf2-h.htm)

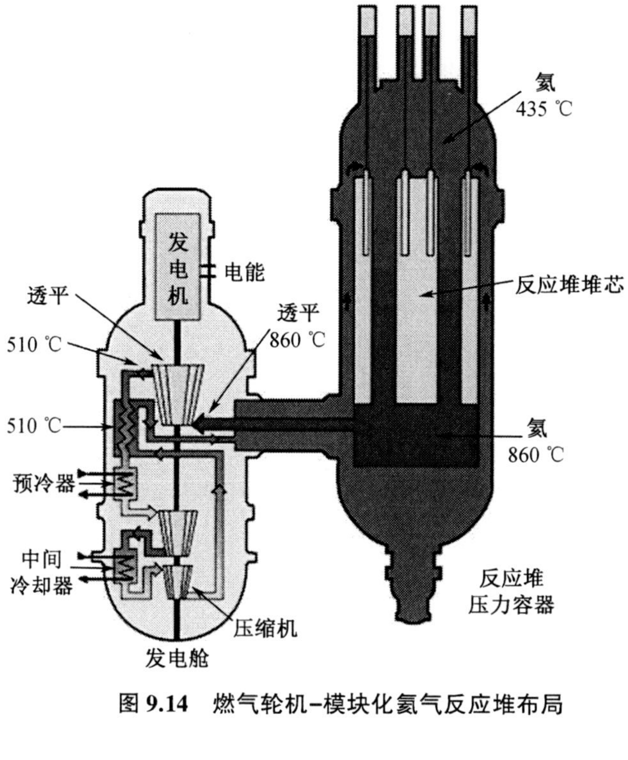

图 9.14　燃气轮机-模块化氦气反应堆布局

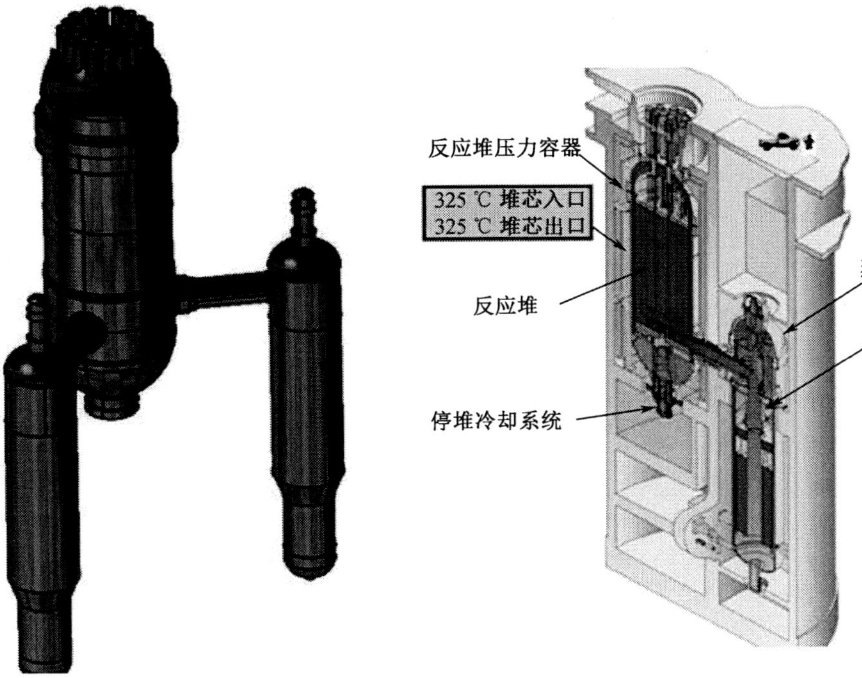

(a)设计证书边界　　(b)反应堆和蒸汽发生器总布置图

图 9.15　阿海珐集团的蒸汽循环高温气体反应堆设计布局

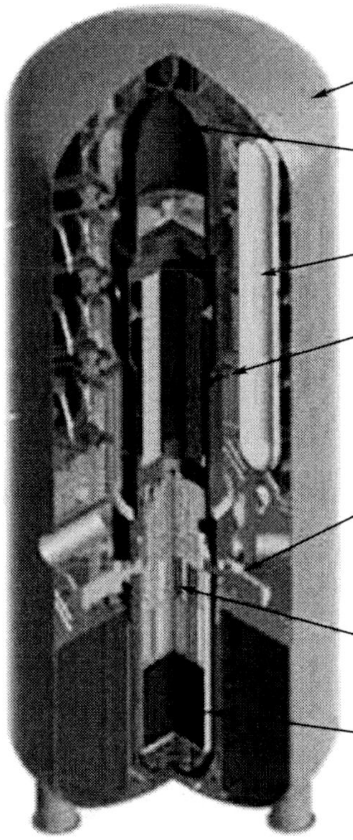

图 9.16　小型模块化反应堆等距断面(由美国核管理委员会提供)

9.4 堆芯设计与分析

正如我们在本章开头所说的那样，将核能重新引入世界能源结构的主要挑战之一是发展与其他能源替代品（如天然气、石油或煤炭）相比具有竞争力的核电站。核能的环境要求是显而易见的。不排放温室气体，需要少量燃料，并处理少量废物。遗憾的是，与化石燃料替代品相比，新核电站的资本成本相当高。尽管核能在运营和维护方面的运营成本，以及最重要的燃料比化石燃料替代品低得多，但高初始投资的障碍对世界各地的公用事业公司来说是一个重大障碍。

为了应对这一挑战，我们需要适当且合适的反应堆堆芯设计配置，以适应这些复杂的要求，并考虑到伴随小型模块化反应堆出现的新技术。

尽管使用标准设备，如标准燃料几何结构和堆芯内部构件，但本章开头列出的特征组合将要求这些小型模块化反应堆和先进小型模块化反应堆的燃料特性不同于传统的轻水堆燃料组件。小型自然循环轻水堆堆芯的设计需要了解反应堆物理、热工水力[5]、核反应堆中子分析（即本书），同时需要一套准确有效的计算工具、软件和成熟的设计方法。

本节和本章的目的是评估增加的浓缩、燃耗率、增加的泄漏和可燃毒物分布对反应堆性能的影响，并从宏观角度设计一款适用于小型轻水堆的原型堆芯。读者可以在 Walter 的书中找到更详细的针对性信息[6]。

但是，如果我们使用基于传统轻水堆建模的最先进工具，如 NuScale 电力公司等供应商，将他们的设计方法应采用于小型模块化反应堆技术，可能有助于获得运行许可。核管理委员会用于验证和确认此类设计的代码，如 RELAP 等，是围绕传统轻水堆开发的，并且在安全分析方面可以轻松应用于这些类型的小型模块化反应堆，从而证明从冷却剂损失事故的角度来看，堆芯将在整个设计基准瞬态过程中保持安全覆盖。正如 Zohuri 和 McDaniel 所指出的，重要的是要注意轻水堆被限制在蒸汽穹顶之下[1,2]。

此外，上述设计方法和通过这些模拟生成的数据，涵盖了一系列新的燃料浓缩、温度、压力、功率和流量，从顶层设计视角出发，这些对于改进新一代 GEN-Ⅳ的堆芯设计非常重要。同时，为了满足这些轻水堆的严格设计标准，还可以对反应堆控制系统选项进行评估。

在这种情况下，人们可以从顶层设计视角出发，专注于研究更浓缩的燃料，并分析在特定运行条件下使用该燃料速率时产生的相关现象。例如，这里可以考虑将多用途小型轻水堆作为研究对象。

对于具有反射边界条件的燃料组件，可以通过中子传输-燃尽代码（如 CASMO-4 或 COSMO-5）完成第一级分析的一部分。该分析能够评估多用途小型轻水堆燃料的特性，并将它们与常规压水堆燃料的特性进行比较，结果由 Soldatov[7] 给出。

注意，使用 CASMO 代码的轻水堆堆芯模拟能够进行以下分析。

（1）晶格物理代码（例如，CASMO）用于基于较小区域（例如，燃料组件）问题相关的少数组横截面，以便输入到整个堆芯程序（例如，SIMULATE）。

（2）CASMO 少数组横截面曲线拟合重要变量的函数，如燃耗、减速剂温度、空泡份额、燃料温度和可溶毒物浓度等。

（3）这些主力代码（CASMO）都是确定性的。随机“蒙特卡罗”程序也越来越多地用于这些应用程序（MCNP 将在后面的实验课程中介绍），但代码运行时间对于许多用途而言仍然过长。

上述模拟的结果将影响以下方面的燃料浓缩度的增加和操作条件的变化。

(1)无限晶格倍增因子。

(2)燃料同位素含量。

(3)中子谱。

(4)反应堆动力学参数。

(5)反应性反馈。

(6)控制棒和可溶性硼的价值。

此外,COSMO 系列计算机代码模块还将具备以下能力。

(1)传输燃耗代码

①无限晶格、燃料单元或组件。

②多个能群。

③区域平均截面数据。

④时间(燃耗)依赖性。

⑤操作条件依赖性(T_f、T_m、功率、氙、硼浓度)。

(2)节点扩散代码

①3D 堆芯功率分布。

②两个能群。

③考虑热反馈。

另外,上述通过在多用途小型轻水堆堆芯等反应堆中使用浓缩度增加的燃料进行的分析表明,这种燃料燃耗会导致高反应性储备。这种反应性储备通过钆可燃毒物进行补偿。

Soldatov 在此类反应堆燃料中,对钆在多用途小型轻水堆燃料中的自屏蔽、燃料屏蔽和控制棒屏蔽效应进行了评估[7]。

考虑到小型模块化反应堆的堆芯设计,基于传统轻水堆堆芯设计方法,小型反应堆堆芯具有较高的中子泄漏率。Soldatov 的书中对这种中子泄漏对增值因子和燃料利用率的评估,以及堆芯反射层问题进行了讨论[7]。

在这种情况下,如前所述,中子泄漏、可燃吸收剂的使用,以及耦合中子和热工水力分析(即 Zohuri)[5],在堆芯设计期间也应考虑在内。

此外,反应堆理论的使用还将揭示以下技术要点。

(1)慢化

①能量谱计算。

②非均质区域的均质化处理。

(2)输运

①在扩散不适用情况下的空间功率分布。

②区域平均截面的准备。

(3)扩散

用于 3D 堆芯功率分布的节点方法。

(4)燃耗

核素浓度随时间的演变。

所有这些技术特征都可以用计算机代码处理,如 CASMO 代码族。

当前用于轻水堆再装载分析的程序集见表 9.1。

表 9.1 当前用于轻水堆再装载分析的程序集

程序编译者	程序集①	使用者		
		供应商	被许可人	顾问
ABB-CE 公司	PHOENIX/POLKA	√	√	
巴布科克·威尔科克斯公司/法马通公司	CASMO②/NEMO	√	√	
通用电气公司	TGEBLA/PANACEA	√	√	
西门子股份公司	CASMO/MICROBURN	√	√	
西屋电气公司	PHOENIX/ANC	√	√	
电力研究机构	CPM-2/NODE-P		√	√
电力研究机构	CPM-2/SIMULATE-E		√	√
电力研究机构	CPM-3/CORETRAN			√
Studsvik	CASMO/SIMULATE-3②		√	√
Scanpower③	HELIOS/RAMONA		√	

注:①这些程序的许多不同版本今天都在使用中。

②美国 Studsvik 开发的代码。

③Scanpower 与 Studsvik 合并。

然而,需记住的是,核反应堆物理学和动力学中的一些应用需要对堆芯中子学进行三维建模。目前此类计算是通过少数群节点扩散代码进行的,因此,扩散计算中的几何形状应由均质材料区域或节点组成。计算的输入数据可能包括谱平均截面、动力学参数和其他群常数,这些数据通过在每个节点内保持积分反应速率平衡的方式生成[8]。

总之,CASMO-5 是 Studsvik Scandpower 系列用于一般轻水堆分析的晶格物理代码中的最新代码版本,并且具有以前在 CASMO-4 中没有的功能、特性和数值模型。CASMO-5 的新功能包括“二次钆消耗模型”,以及在数百个能群中执行二维输运计算的能力。CASMO-5 功能的描述及其在为 SIMULATE-4 生成截面和不连续因子数据中的作用,可以在代码供应商的网站上找到,其中还描述了新的 CASMO-5 数据库(包括 586 群中子数据和 18 群伽马数据),感兴趣的读者可自行查阅该网站。

9.5 小型模块化反应堆的通用概念

小型模块化反应堆发展的驱动力源自其独特的特点。它们可以逐步部署,以密切满足不断增长的能源需求,从而为电网规模较小的国家或地区做出适度的财务承诺。小型模块化反应堆通过模块化和工厂建造展现出显著降低成本的前景,这有望进一步加快施工进度并降低成本。在更广泛的适用领域,小型模块化反应堆的设计和尺寸更适合局部或专用的非电力应用,如为工业过程、制氢或海水淡化提供热量。工艺热量或热电联产可显著提高热效率，从而获得更好的投资回报率。一些小型模块化反应堆的设计还可能服务于小众市场，如焚烧核废料。

正如本章前几节所述，小型模块化反应堆的设计旨在提供清洁且成本效益高的能源。根据国际原子能机构的分类，小型模块化反应堆被定义为输出功率小于或等于 300 MW 的反应堆。但一般而言，任何电力输出低于 700 MW 的反应堆都被视为小型模块化反应堆。根据它们的特点，它们进一步分为以下 3 类。

(1)轻水堆。

(2)高温气冷堆。

(3)液态金属(即快中子钠反应堆和气冷反应堆)。

如图 9.16 所示，小型模块化反应堆的可扩展性、模块化、坚固的设计和增强的安全特性相较于大型商业反应堆的模块化与灵活性具有显著优势。与大型反应堆相比，小型模块化反应堆可以在工厂环境中制造和组装，然后运输到核电站。这将有助于减少现场准备工作，并缩短冗长的施工工期，进一步降低施工成本，使小型模块化反应堆的成本降低 20% ~ 30%[9]。此外，小型模块化反应堆的可扩展性和灵活性也使其更适用于能源需求低、基础设施有限、电网系统更小且不太成熟的偏远地区。

9.6　小型模块化反应堆的安全特性和许可

核能在满足世界日益增长的能源需求，同时应对与全球气候和环境影响相关的挑战方面可以发挥非常重要的长期作用。世界上许多国家，特别是亚太地区国家，都在积极参与其核能综合体的重大扩张。核能在全球或区域范围内满足长期能源需求的程度，将取决于针对废物处理、安全、安保和防扩散问题提出的技术与政策解决方案的速度及充分性，以及建造成本。小型模块化反应堆可以成功解决其中几个问题。小型模块化反应堆通过工厂制造提供更简单、标准化和更安全的模块化设计，需要较小的初始资本投资，并且施工时间更短；小型模块化反应堆体积小巧，便于运输，可以在没有先进基础设施和电网的孤立地点使用，或者集群部署在同一地点以组成多模块、大容量的发电厂。

下面将分别对安全特性和许可这两个主题进行概述。

1.小型模块化反应堆的安全特性

小型模块化反应堆的安全特性在最近的出版物中得到了深入探讨，这些出版物主要来自国际原子能机构，都可以在国际原子能机构的网站上找到，以下是对这些内容的总结。但值得注意的是，福岛核泄漏事故后，小型模块化反应堆的安全特性将重新分析，以吸取事故教训。

关于小型模块化反应堆安全特性的主要发现如下。

(1)先进小型模块化反应堆的设计制造商旨在通过最大限度地利用固有和非能动安全特性(也称为“设计”安全特性)来实施安全设计选项。

(2)就其本身而言，小型模块化反应堆中使用的“设计”安全特性在大多数情况下与尺寸无关，可应用于大容量反应堆。然而，小型模块化反应堆提供了更广泛的可能性，以更高效率整合这些功能。

(3)在一些技术中，如高温气体反应堆，非能动安全特性的结合限制了反应堆容量。

(4)考虑的所有小型模块化反应堆设计都旨在满足国际原子能机构制定的国际安全规范和标准,如《国际原子能机构安全标准 核电厂安全》(NS-R-1),其中包括关于实施纵深防御战略与提供冗余、多样化、能动和非能动安全系统的设计要求。

(5)与内部事件相比,关于先进小型模块化反应堆在保护核电站免受自然和人为事件影响方面的安全特性信息较为匮乏。

(6)先进小型模块化反应堆的设计者所指示的堆芯损坏频率与现代大型水冷反应堆指示的堆芯损坏频率相当,甚至更低。

值得注意的是,在非能动安全系统方面,小型模块化反应堆的整体设计使其在发生任何严重事故时都更安全,防止任何辐射泄漏到环境中。非能动安全系统是小型模块化反应堆的另一个重要安全特性,如果发生冷却剂损失事故,该系统会关闭反应堆并在没有任何人为干预或空调电源的情况下对其冷却 7 天。安全系统包含一个现场水库存,它依靠自然力(即自然循环、重力或压缩气体)运行[10]。

2.小型模块化反应堆的许可

福岛核泄漏事故对小型模块化反应堆的许可影响将与当前在役的大型反应堆相同。关于小型模块化反应堆的许可状态和监管问题,近期出版物的分析得出了以下观察结果。

(1)见表 9.2,先进小型模块化反应堆的供应商和设计者已根据当前的国家与国际(即美国核管理委员会和国际原子能机构)规定进行设计或正在设计中。

表 9.2 先进小型模块化反应堆的设计状态和潜在部署时间

小型模块化反应堆	技术族	电力输出/MW(e)	电站结构	设计状态	许可状态/完成(申请)日期	目标开发日期
KLT-40S,俄罗斯	压水堆	2×35	双单元驳船式装置	详细设计已完成	已许可,建造中	2013 年
VBER-300,Kazakhstan,俄罗斯	压水堆	302	单模块或双模块陆基或驳船装置	详细设计基本完成	无法提供	>2020 年
ABV,俄罗斯	压水堆	2×79	双模块驳船式或陆基装置	驳船装置:详细设计完成 陆基工厂:详细设计或装置改造	部分设计已许可	2014—2015 年
CAREM-25,阿根廷	压水堆	27	单模块陆基装置	详细设计正在敲定	许可进行中/2011 年	约 2015 年
一体式模块化先进反应堆,韩国	压水堆	90	单模块陆基装置	详细设计中	许可进行中/2011 年	约 2015 年

表 9.2(续)

小型模块化反应堆	技术族	电力输出/MW(e)	电站结构	设计状态	许可状态/完成(申请)日期	目标开发日期
NuScale,美国	压水堆	12×45	12 模块陆基装置	详细设计正在敲定	许可预申请/(申请:2011 年)	首堆在 2018 年
mPower,美国	压水堆	×125	多模块陆基装置	详细设计中	许可预申请/(申请:2011 年)	约 2018 年
IRIS[①], 美国	压水堆	335	单模块或双模块陆基装置	基本设计已完成并且供应商正在审查中	—	—
西屋电气公司,小型模块化反应堆,美国	压水堆	>225	—	—	—	—
高温反应堆球床模块,中国	高温气冷堆	2×105	双模块陆基装置	详细设计已完成	正在许可中/2010 年或 2011 年	首堆在 2013 年
先进重水堆,印度	先进重水堆	300	单模块陆基装置	详细设计正在敲定	许可预申请/(申请:2011 年)	约 2018 年
SVBR-100,俄罗斯	铅铋快堆	×101.5	单模块或多模块陆基或驳船式装置	详细设计中	无法提供。原型已在俄罗斯潜艇中运行	原型:2017 年
新海波龙能源板块,美国	铅铋快堆	×25	单模块或多模块陆基装置	无法提供	许可预申请/(申请:未知)	首堆在 2018 年前年
4S,日本	钠冷快堆	10	单模块陆基装置	详细设计中	许可预申请/(申请:2012 年)	首堆在 2014 年后

注:①2010 年底,西屋电气公司停止了 IRIS 项目的开发,并宣布它将采用 200 MW(e) 级的一体式设计压水堆的替代方案。截至 2011 年,这种新型小型模块化反应堆的可用技术细节很少。

(2)目前可供部署的小型模块化反应堆,包括 CANDU-6、PHWR、QP-300、CNNP-600 和 KLT-40S,已经在原产国完成了许可程序。此外,CANDU-6 和 QP-300 也已在原产国以外的国家获得了许可与部署。

(3)对于先进小型模块化反应堆设计,其中3个在阿根廷、中国和韩国正处于正式许可程序中,其他几个正在美国和印度进行预许可谈判,见表9.2。

不过,政府对选定先进小型模块化反应堆许可的支持有助于克服相应的延误。

另一组重要的监管要求涉及小型模块化反应堆抵抗核扩散的能力。所有先进的轻水压水堆类小型模块化反应堆都使用传统的低浓缩铀燃料,并且大多数压水堆类小型模块化反应堆设计使用的燃料与大型压水堆相同。但是,应特别注意某些重水或液态金属冷却设计的防扩散潜力,特别是如果它们打算部署在政治不稳定的地区。国际原子能机构正在继续研究在采用创新小型模块化反应堆的核电站中纳入固有防扩散特性的方案。

3.防扩散与安全

小型模块化反应堆是一个建造在地下的密封装置,因此可以更安全地抵御任何恐怖活动、飞机撞击或由于自然现象造成的任何漏洞。它们还可以在不换料的情况下运行很长的时间(即18~24个月)。反应堆可以在工厂环境中加注燃料,然后运回现场,从而确保它不会引发任何扩散问题。

9.7 市场上的小型反应堆设计

对碳排放的担忧以及化石燃料资源的不稳定性,使全球再次对核能作为解决能源需求增长问题的方案产生兴趣。美国目前正在建造几个大型核反应堆,这是30多年来的第一个新核反应堆。小型模块化反应堆已设计多年,与传统的大型反应堆相比,具有潜在的技术和经济优势。当前的小型模块化反应堆资本和运营费用具有很大的不确定性。

根据经济合作与发展组织/核能署的估计,无论是配备大型反应堆还是小型模块化反应堆的核电站,只要电输出功率小于300 MW(e),采用轻水技术的核电站在大多数情况下都与许多其他发电技术具有竞争力,唯一的例外是美国目前天然气的价格水平。

然而,与大型反应堆核电站相比,包括多模块核电站在内的小型模块化反应堆的平准化电力成本值可能更高。小型模块化反应堆的平准化电力成本应随着大规模批量生产而降低,这是证明小型模块化反应堆的竞争力的关键因素。然而,启动批量生产过程需要大量的小型模块化反应堆初始订单,重要的是要知道谁可能是第一批客户,以及在不久的将来将真正部署多少小型模块化反应堆设计。

今天,世界主要的反应堆供应商都瞄准了发达国家的市场,并提供具有大功率输出[1 000~1 700 MW(e)]的设计[11]。然而,由于多种原因,这些大型反应堆不适合许多发展中国家[12]。

与大型反应堆一样,小型模块化反应堆的市场难以估计。然而,根据普遍接受的假设,即小型模块化反应堆在大型反应堆核电站无法竞争的情况下,可以与许多非核技术竞争发电,我们可以尝试确定关键的市场机遇。

然而,许多发展中国家的电网容量有限,无法容纳一个发电量接近或超过1 000 MW(e)的发电厂。此外,一些国家的电网位于几个孤立的人口中心,互连性较低,这种情况有利于在地理位置上分散的小型发电厂的使用。

就我们目前对核能行业的了解而言,传统上,核电站的资本成本相对于化石燃料发电厂要高,这为选择核电造成了额外障碍。由于其规模和复杂性的降低,较小规模的核电站成本更低,建设时间也更短。因此,在建造第二台和第三台机组之前,第一台机组就可以开始产生收入,从而降低了联合发电能力的最大资本支出。这对于发展中经济体尤其重要,因为它们的可用资本资金通常有限。

由于中小型核电站的功率水平较低,各国在安装发电设施方面有更多的灵活性,可以分小批量增加,以更好地匹配其电力需求和经济增长速度。降低的功率水平允许更多地使用非能动安全系统和工厂简化,如主冷却剂的自然循环。这些特点增强了核电设施的安全性和可靠性,这在核经验有限且劳动力受过培训的国家尤其有利。

当前,世界范围内的核能都基于中高容量的反应堆[13][国际原子能机构对容量水平的分类分别为300~900 MW(e)和900~1 600 MW(e)[14]]。世界范围内运行核反应堆的主要技术是轻水堆技术[14-16]。这里的世界"技术"并不是特指核电站设计,而是指面向轻水堆的燃料循环设施和综合供应链。轻水堆技术经过深入研究,并在监管实践中得到了很好的体现[17-21],这使得轻水堆技术在短期和中期内成为最具吸引力的创新反应堆设计技术。

目前,一些国家正在致力于设计低功率范围[10~300 MW(e)]的创新核电站。在世界范围内人们正在考虑多种设计概念(如高温气冷堆和液态金属快中子增殖反应堆)[14,22-24]。然而,轻水堆被认为是未来短期内最具经济可行性和可部署性的创新反应堆技术[25]。

为了设计一个有竞争力的反应堆,并成功地将其推向国际市场,有必要了解竞争对手的概况。为了进行分析,首先有必要认识并列出过去10年中提出的所有主要反应堆设计概念(项目、设计),确定这些设计的主要优点和缺点,识别与多用途小型轻水堆相似的设计,并尝试理解这些设计背后的想法和动机。了解小型反应堆(特别是轻水堆)的困难和不成功的设计,对于避免在早期设计阶段重复错误和应对潜在挑战也很重要。针对大规模创新轻水堆的竞争性设计[26-30],以及包括创新型轻水堆在内的小型反应堆的不同设计[25],已经给出了总体概述。文献中给出了对创新反应堆设计的详细讨论[31-37]。

9.8 结　　论

本章的一个主要结论是,小型模块化反应堆具有巨大的潜力,可以通过满足那些无法由大型反应堆的传统核电站供电的市场细分领域的能源需求,来扩大核能的和平应用。这些细分领域可能包括如下内容。

(1)在偏远或孤立地区的小众应用,这些地区不需要大型发电能力,电网发展不足或根本不存在,且非电力产品(如热能或淡化水)与电力同等重要。

(2)替代退役的小型和中型化石燃料发电厂,以及在存在某些选址限制(如电网空闲容量有限、旋转备用容量有限和/或发电厂冷却塔供水有限)的情况下,作为新建此类发电厂的替代方案。

(3)替代那些退役的化石燃料热电联产发电厂,其中小型模块化反应堆功率范围似乎更适合当前现有供热基础设施的要求。

(4)对于自由化能源市场中的发电厂或私人投资者或公用事业公司拥有的发电厂而言,较小的初期资本投资、较短的现场建设时间以及相应减少的融资成本,以及发电厂配置和应用的灵活性,比单位电力的平均成本更为重要。

然而,值得注意的是,目前还没有任何小型反应堆获得这些应用的许可,且在部署之前,仍需克服开发挑战并获得监管批准,特别是鉴于福岛核泄漏事故的发生。

通过本章的介绍,我们并未发现在任何情况下,使用小型模块化反应堆的核电站能够与使用低浓缩铀的最先进大型反应堆的核电站相竞争。但是,我们也发现,在大型反应堆的核电站因某种原因无法竞争的情况下,小型模块化反应堆可以与许多非核技术竞争。

参考文献

[1] Zohuri, B. 2015. *Combined Cycle Driven Efficiency for Next Generation Nuclear Power Plants: An Innovative Design Approach.* 1st ed. Springer Publishing Company, New York, NY.

[2] Zohuri, B., and P. McDaniel. 2017. *Combined Cycle Driven Efficiency for Next Generation Nuclear Power Plants: An Innovative Design Approach.* 2nd ed. Springer Publishing Company, New York, NY.

[3] Zohuri, B. 2018. *Small Modular Reactors as Renewable Energy Sources.* Springer Publishing Company, New York, NY.

[4] Zohuri, B., P. McDaniel, and C. De Oliveira. 2015. Advanced Nuclear Open-Air-Brayton Cycles for Highly Efficient Power Conversion. *Nuclear Technology Journal* 23.

[5] Zohuri, B. 2017. *Thermal-Hydraulic Analysis of Nuclear Reactors.* 2nd ed. Springer Publishing Company, New York, NY.

[6] Walter, A.E. 1981. *Fast Breeder Reactors.* Pergamon Press, New York, NY.

[7] Soldatov, Alexey, Design and Analysis of a Nuclear Reactor Core for Innovative Small Light Water Reactors, A Dissertation Submitted to Oregon State University, March 9, 2009.

[8] Leppänen, Jaakko. New Assembly-Level Monte Carlo Neutron Transport Code For Reactor Physics Calculations, Mathematics and Computation, Supercomputing, Reactor Physics and Nuclear and Biological Applications Palais des Papes, Avignon, France, September 12 – 15, 2005, on CD-ROM, American Nuclear Society, LaGrange Park, IL (2005), Jaakko.Leppanen@ vtt.fi

[9] Nuclear Energy Association (NEA). June 2011. Current Status, Technical Feasibility and Economics of Small Modular Reactors.

[10] Kozlowski, Tomasz, and Thomas J. Downar. December 2003. OECD/NEA AND U.S. NRC PWR MOX/UO2 Core Transient Benchmark.

[11] International Atomic Energy Agency, IAEA-TECDOC-1117. Evolutionary water-cooled reac tors: Strategic issues, Technologies and Economic Viability, Proceedings of a symposium held in Seoul, 30th November-4th December 1998, Published: IAEA, Vienna, 1999. (ISSN 1011-4289).

[12] Ingersoll, D.T., and W.P. Poore, Ⅲ. Reactor Technology Options Study for Near-Term Deployment of GNEP Grid-Appropriate Reactors, ORNL/TM-2007/157, ORNL, Oak Ridge, 26 September 2007.

[13] 2005 World Nuclear Industry Handbook, Nuclear Engineering International, 2005.

[14] IAEA CSP-14 (Parts 1 – 5). Small and Medium Sized Reactors: Status and Prospects, Proceeding of international seminar held in Cairo, Egypt, 27–31 May 2001, Published: IAEA, Vienna, 2002.

[15] IAEA PUB 1280. Operating Experience with Nuclear Power Stations in Member States in 2005, IAEA, Vienna, 2006.

[16] Nuclear Energy Today, Nuclear Development, NEA/OECD 2003.

[17] European Utility Requirements for LWR Nuclear Power Plants, Volume 1. Main Policies and Objectives. Revision C, EUR-Club, 2001. Chapter 1–6 with list of acronyms and definitions section.

[18] European Utility Requirements for LWR Nuclear Power Plants, Volume 2. Generic Nuclear Island Requirements. Revision C, EUR-Club, 2001. Chapter 0-19 with list of acronyms and definitions section annexes.

[19] European Utility Requirements for LWR Nuclear Power Plants, Volume 3. Application of EUR to the